永遠記得第一次和毛小孩聊天時，

那種躍躍欲試的閃亮心情。

那是以後開啟每一次聊天室的魔法鑰匙～

無論途中卡關或是自我懷疑，

帶著初衷美好的閃亮心情持續嘗試，

我們都可以成為動物溝通小天才～

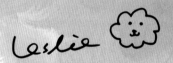

來一起跟毛小孩聊天

動物溝通師
Leslie

8　動物溝通幼幼學習本使用說明

10　**自序** 寫給當年的我

12　**前言** 條條大路通羅馬

1 認識直覺式動物溝通

01 解壓縮直覺式溝通懶人包

24　大腦內的意念丟接球

26　意念溝通的原理

27　意念的能量如何影響物質世界？

28　讚美也是一種意念能量的練習

02 了解直覺，使用它更順暢

32　直覺，就在日常中

33　直覺的類型

52　找出直覺的軌跡

56　直覺的呈現方式無法超越你的人生經驗

03 強化直覺的練習方法

62　隨時隨地操練你的直覺肌肉

63　直覺需要對照

68　克服自我懷疑的心魔

2 松果體、腦波與冥想

01 松果體,感應看不到的能量

74　松果體的位置

76　松果體的超感應力

78　松果體可以感應地球磁場與電磁波

82　重訓你的直覺肌,用冥想活化松果體

02 神祕的腦波

89　無時無刻都在放電的大腦

91　腦波的分類

94　動物溝通是哪一種腦波呢?

95　和動物溝通時,θ波蹦蹦跳

110　真的在「接收訊息」,還是在「幻想」

116　有沒有勤練習,腦波都看得出來

118　從腦波看動物溝通前的冥想

3 冥想,直覺的好幫手

01 冥想也需要練習

124　為什麼需要冥想?

130　冥想是搭配想像力的呼吸

131　冥想是自由的

135　「質」比「量」更重要

137　雜訊出現時讓它順勢流過

02 順利進入冥想的方法

139　小碎步拓展舒適圈

145　「專注當下」的四種冥想入門

03 不擅長冥想怎麼辦?

172　六感靜心法

182　沉浸法

4 來跟毛小孩聊天

01 開始聊天前需要知道的事

198　直覺溝通的呈現方式

201　「檸檬」與「金光」的體感練習

214　溝通前的準備事項

02 打開溝通的聊天室

219　和毛小孩展開對話的四種方法

246　給菜雞的一些小叮嚀

252　動物溝通的魔幻時刻

03 跟自己的寶貝聊天

261　建立聊天的真實感

263　傾聽寶貝心聲的特別練習

5 增加信心的魔法百寶袋（這不是求救錦囊）

01 Leslie 幼幼班的熱門問題

272　1. 動物會說謊嗎？

273　2. 家長常無法理解毛小孩的話

274　3. 和毛小孩聊天時我總是沒自信怎麼辦？

277　4. 收到的訊息很亂怎麼辦？

279　5. 我現在不用冥想就能順利聊天了，這樣可以嗎？

280　6. 動物溝通做不到的事？

284　7. 動物溝通可以做到哪些事？

286　傳遞訊息時有同理心

02 常見提問集合

288　1. 可以跟毛小孩談判嗎？

288　2. 聊過天的毛小孩還是不停嘰嘰喳喳怎麼辦？

289　3. 跟不開心的毛小孩聊完，情緒很低落怎麼辦？

291　4. 發現毛小孩遭受不好的對待怎麼辦？

292　5. 家長想問在前伴侶那邊的貓或狗怎麼辦？

292　6. 一直有不相信的人想挑釁怎麼辦？

293　7. 毛小孩有色盲色弱，會影響溝通嗎？

294　8. 動物溝通會卡到陰嗎？

296　9. 我想當專業或斜槓動物溝通師，該怎麼做？

299　我們都是動物溝通小天才

301 **後記** 謝謝善良美好的你一起來跟毛小孩聊天

304 **附錄**

我的推薦書單

Leslie & 維尼的《好窩寵物溝通》podcast 推薦集數

你也一樣棒棒！同學們的課堂練習分享

動物溝通幼幼學習本使用說明

嗨～這是一本含金量極高、章節豐富的動物溝通學習工具書，在開始閱讀以前，請先詳閱使用說明，才能更有效率地使用本書，學習過程一路順順順～

1. 本書資訊量龐大，請不疾不徐，慢慢閱讀，慢慢品嚐。

2. 閱讀每一章節時，請確認自己完全理解並吸收之後，再邁向下一章節。

3. 本書中所有的大小練習，都是根據多年教學實作經驗所設計安排的學程，若能循序漸進、按部就班地學習，就能達到最好的效果。

4. 有些練習長達一週，有些短則六分鐘，請盡量按照建議操作。

5. 若長時間閱讀感覺有些疲累，可先休息，擇日再看。有意識地察覺自己的學習情況，抓到閱讀的節奏，將有助於理解吸收書中內容。

6. 每個練習都搭配了舒皮的水彩畫，幫助引導或深化我們的想像。閱讀完文字記得翻開下一頁，好好欣賞感受一下療癒的插畫，沉浸其中，一起練習吧！

7. 對練習無感，或是當下接收不到訊息，都沒關係，放輕鬆。這本是菜雞練習本，不是直衝雲霄天才保證班，請給自己很多很多溫柔和包容。時間很多，路很長，我們慢慢來，再接再厲多試幾次，只要肯踏出舒適圈，勇於嘗試，尼啾是最棒的！

8. 學習任何新東西都只有一條路，沒有速成捷徑。請好好理解吸收，慢慢操作嘗試，多多多多練習。

好，貼心小提醒說完惹，讓我們開始吧！

★ 來～一起跟毛小孩聊天 ★

寫給當年的我

十年前,我第一次接觸動物溝通的時候,懷著好奇、興奮、探索的心情躍躍欲試,但許多知識與觀念對身心靈麻瓜的我來說有些格格不入。

什麼是高我?為什麼要用靈擺?水晶的能量感覺起來是什麼?精神動物的連結又是什麼?為什麼要燒鼠尾草與聖木?什麼是空間能量淨化?

這些疑問讓對於能量感應一竅不通的我深感困擾,學習動物溝通的過程舉步維艱。

我那時想著,既然沒有答案,我何不努力多方嘗試,也許⋯⋯毛小孩們會告訴我答案?

於是我開始積極地練習,不懂的也暫時擺著不深究,用自己的方式各式各樣多元地探索、實驗,平均一天進行兩、三個練習,偶爾休息。我在短時間內累積了大量個案,著迷於毛小孩的童言童語,享受從他們的角度詮釋世界,沉浸在他們與家長之間溫暖而真摯的情感。這些與毛小孩的聊天記錄,也成為我前兩本書《來～跟毛小孩聊天》第一集跟第二集的主要內容。

這一切讓我深深沉浸在動物溝通的世界裡無法自拔,而每一次的練習,也都讓我學習到更多與動物溝通的技巧。

在這十年的累積過程中，我認識了許多種不同的溝通方式。我逐漸了解到一件事——動物溝通就是條條大道通羅馬。

它沒有一定的規則，沒有一定的定律真理。它就是每個想跟毛小孩連結的人與毛小孩接觸的方式，就像書信、簡訊、電話、LINE、FB Messenger、IG 小盒子、Zoom 會議室、蝦皮聊聊……我可以一直舉例下去，而我想表達的是：能溝通的方法實在太多，沒有什麼是一定的，能聊到就好。（笑）

寫這本書時，我的假想讀者是十年前剛踏入動物溝通的我自己。我想像這是我寫給自己的書。那個當年對動物溝通無比興奮，卻又充滿困惑不得其門而入的我。

願你把我當成是一個坐在你身邊的好朋友，用最簡單、麻瓜的言語，解釋動物溝通給你聽，帶你進入動物溝通的繽紛世界。

謝謝你一起來跟毛小孩聊天，願善良美好的你，一起加入照顧毛小孩的行列。

:)

Leslie　2023 年 10 月 13 日

條條大道通羅馬

大家覺得「動物溝通」是什麼呢？

對大部分人來說，動物溝通還是很新穎的事情，我曾經聽過很多各種不同的想像，例如覺得是怪醫杜立德，可以聽到四面八方動物的話語；例如覺得是開天眼，不僅跟毛小孩溝通，還從此可以聽到各種天界仙語的聲音。

也許是因為動物溝通聽起來很神奇，所以大家總有各式各樣的猜想，跟詮釋。但在我心中，動物溝通是很久以前就存在的事實，不是什麼近期才有的新潮酷東西。至少在春秋戰國時期，就有關於動物溝通的記錄。

歷史上最早出現的動物溝通

目前我能找到最早的動物溝通者，是一個春秋時期的人，名叫公冶長。這位公冶先生不只是孔子的門生，還是孔子的女婿。歷史上記載，他甚至是位精通鳥語的人。

有一天，他走在路上，聽到一群鳥嘰嘰喳喳地叫著，互相傳告：「快飛去青溪，那裡有死人肉可以吃！」他繼續往前走沒多久，看到一個老奶奶哀哀痛哭。原來是老奶奶的兒子出門很久了還沒回家，老奶奶懷疑兒子遇到了意外。於是公冶長就告訴老奶奶：「青溪那裡有具屍體，會不

會是你的兒子呢？」（真是個說話一點都不顧慮老人家情緒的傢伙。）

咳，如果你有看過《CSI 犯罪現場》之類的破案劇情片，一定會知道，無意間發現屍體的那個人，往往會被當成嫌疑犯處理。那老奶奶也不負眾望，果然報官，說是公冶長殺了他的兒子，不然怎麼會知道那個杳無人煙的地方會有個屍體？所以呢，公冶長就被官府抓起來了！

公冶長大呼冤枉，說人不是他殺的，他是聽鳥說的。雖然聽起來很像胡說八道，但由於他長得相貌堂堂，獄吏覺得他不像說謊（？），就對他說：「如果你能證明自己聽得懂鳥語，那我就放了你！」

可憐的公冶長就這樣鋃鐺入獄了。但是幸好，他被關的那段期間，有一群麻雀飛到監牢窗外嘰嘰喳喳，說哪裡有糧車打翻了，小米把費！小米吃到飽！大家趕快！立刻去吃！公冶長將聽到的鳥語轉告給獄吏，獄吏派人前去查看，發現公冶長說的是真的，才終於沉冤得雪。

這個故事告訴我們，動物溝通並不是這幾年才發明的技能，早在兩千多年前的歷史就有記載了。雖然古早時期的事蹟記載不多，但最起碼可以讓我們知道，這絕對不是什麼新興的噱頭。

事實上，周朝也有設立專門的官員負責跟動物說話。《周禮》記載：「夷隸，百有二十人；貉隸，百有二十人……夷隸，掌役牧人，養牛馬，與鳥言……貉隸，掌役服不氏，而養獸，而教擾之，掌與獸言……」夷隸掌與鳥言，貉隸掌與獸言，兩者是專門跟鳥和野獸對話的官員。但周朝以後好像就沒有這樣的官員了，我只能不負責任地推測，可能被認為是冗員所以被廢了吧。（笑）

動物溝通是否有流派之分？

任何知識都有流派之別，比如醫生有西醫跟中醫，心理學有佛洛伊德派和榮格派，動物溝通當然也有。但我覺得，雖以「流派」來稱呼，實質上可以用不同的「風格」來理解這件事。

大家不妨想成運動健身有不同的類型，如慢跑、游泳、瑜伽、重訓，都可以鍛鍊身體；或者就像是飲食，有生酮飲食、減醣飲食、地中海飲食，各種方法都可以幫助維持健康的體態。針對不同的體質和年紀，有不同的運動和飲食搭配，沒有怎樣做才是最好，只有適合或不適合。

也許喜歡不同風格的人會有一些不同的想法，那都很正常。一樣米養百樣人，動物溝通對我來說就像是大腦潛能開發，每個人的大腦都不一樣，

重點是找到適合自己的。所以選什麼風格都可以，互相尊重，一起共好，才是最重要的。

根據基礎知識的不同和輔助工具的需要與否，我在這裡將動物溝通簡單區分為兩種流派（風格）：

・**靈性派**

靈性派的動物溝通，許多觀念跟操作方式，都與身心靈的知識淵流有關係，例如高我、大天使、指導靈、精靈、精神動物、靈性動物等等。只要在溝通的過程中，有需要接觸高維能量指導或是感受能量場與淨化，都屬於靈性派的範圍。

目前有許多動物溝通師屬於這一類風格，他們的上課內容會與許多身心靈的元素結合，例如淨化能量場（運用水晶，或是燒鼠尾草、薰香、聖木等），或是能量繪畫，或是與高階意識靈的連結（像是高我、大天使、精靈、精神動物等）。他們也會分享一些工具的使用，例如靈擺、牌卡、水晶、植物花草排列，或是進行繪畫的儀式。

這些內容都很有趣、豐富、好玩，適合對這類主題有興趣的同學。

・理性派

大約十年前，台灣出版社出了一本《那些動物告訴我的事：用科學角度透視動物的思想世界》，作者 Thomas 是香港人。當時對於靈性派不得其門而入的我，看到「科學角度」的動物溝通覺得很有趣，想著，啊，也有人從這樣的角度來討論動物溝通呀。看了書以後，我嘗試跟 Thomas 聯繫，也順利到香港旁聽他的課程，讓我對動物溝通有更不同的認識。

顧名思義，理性派的動物溝通以科學為基調。Thomas 畢業於美國麻省理工學院，取得了數學學士和電腦科學的學士及碩士學位。他在書中和課堂上，都不斷示範如何運用「直覺傳心」來進行動物溝通。

我記得在前往香港前，Thomas 跟我說：「Leslie，歡迎你來我的課程旁聽，但有件事情想先跟你分享，那就是我的課程不會也不需要跟高我做連結。」本來就為這些高階意識連結感到困惑的我，聽了這個提醒之後當然毫無異議，開心地啟程出發。

到了香港以後，看到所有的同學在 Thomas 的引領下，在學習方面都有各自的進展，我開始思考：靈性訴求的溝通透過能量連結與感應來接觸，理性訴求的溝通則全然倚靠大腦直覺潛能，這兩種全然不同的進行方式

位在光譜的兩端，但似乎都可以引導人們學習動物溝通，與毛小孩有心靈接觸的體驗。

找到自己適合的方式最好

誠如我前面所說的，飲食、健身，各有不同的風格，自然也有各自的擁護者，沒有好壞對錯，只有適不適合。

我剛開始學習動物溝通，接觸到高我連結、水晶能量、靈擺使用時，身為能量麻瓜的我感到有點困惑。很幸運的是，我在上課還有下課時的練習，大致還是有自己的進度，只是跟其他同學的融會貫通相比，他們鉅細彌遺描述能量的感覺和高我的智慧話語，我還是有些難以被滿足的困惑：「嗯，好像是這樣沒錯吧？」執行起來總有些力不從心。

當時的我有些辛苦，雖然可以理解這些系統的邏輯理論，那種感覺比較像在執行不適合我的飲食方法，我知道這些食物都很好也很健康，但就是，吃得有些勉強。

於是我嘗試著從不同的地方找答案，看看不同人對動物溝通的解讀跟看法，並且大量吸收動物的行為知識，參加許多動物行為學講座，從各方

面去增加我對動物溝通的知識，拼湊出我的動物溝通系統架構。

在這個過程中，我逐漸悟出一個影響我至深的結論：動物溝通就是個條條大道通羅馬的事，這也是我在本書中最想傳達給大家的訊息。（「條條大道通羅馬」出現第二次了，很重要，請畫兩次重點。）

我相信許多對動物溝通有興趣的人，在入門時會卡在一個眾說紛紜、不知該如何判斷的困擾。我自己的想法是：即便同樣是人類，我們對於其他人的想法都無法做到完全理解，更何況是跨物種的溝通？

不同流派有不同的技巧，甚至有不一樣的答案，但那不表示只有一方是對的，另一方就是錯的。在跨物種溝通上，其實我們都是瞎子摸象，答案不同，只不過是一個人摸到了象鼻，另一個人摸到象腿所造成的結果。保持開放的心態，選擇自己適合的方法，是學習動物溝通的大前提。

就像《阿甘正傳》裡的巧克力，你永遠不知道會吃到什麼口味。換句話說好了，你吃到一塊巧克力，不代表整盒巧克力都是同一種口味啊！我覺得動物溝通就像一盒琳琅滿目的巧克力，希望你也能找到喜歡的口味。

條條大道通羅馬（出現第三次了），本書最重要的主旨，是讓你們記得，只要找到適合自己的路就可以了。學得開心自在，找到適合自己的路，才是最重要的。

在開始以前，讓我們一起給自己鼓勵一下：

我在自己的跑道上，沒有人快也沒有人慢。

每朵花開的時間都不一樣。

每一步往前都是進步。

我就是菜雞，能獲得什麼，都很了不起。

請大方給自己鼓掌，

跟昨天的自己比，跟上一次的自己比。

我真的很棒！

PART

1

認識直覺式動物溝通

〈 一起來練習直覺肌肉吧！ 〉

直覺可以用來溝通？這件事情聽起來很不可思議對吧？

在進行動物溝通時，毛小孩傳來的訊息通常是不經思索、如閃電般快速閃現的各種念頭，例如畫面、念頭、情緒，這種呈現方式跟我們大腦常常閃現的瞬間直覺很像，所以我稱之為直覺式的動物溝通。這樣的呈現方式也有人稱為「第六感」、「以心傳心」、「心電感應」，我在這本書中則是解釋為「直覺」。

01
解壓縮直覺式動物溝通懶人包

大腦內的意念丟接球

對動物溝通完全不了解的人,有時會將動物溝通誤解為從「汪汪」「喵喵」的叫聲中解讀出動物的意思,或是以為你學會了狗語貓語鳥語甚至烏龜語。甚至當你提出跟兔子也能溝通時,不了解的人第一個反應多半會問:「兔子會叫嗎?」

會有這樣的疑惑,是因為我們最常使用的溝通媒介就是語言,所以下意識地把「溝通」和「對話」畫上等號。但語言從來都不是唯一的溝通媒介,比如在沒有電話的遠古時代,寫信就是一種用文字作為媒介的溝通方式,又比如古時候會用烽火來傳報軍情,語言不通的異國人之間也會透過比手畫腳等肢體語言來溝通。

讓我們這樣想好了,人與人之間的聊天很像丟接球。

「你好嗎？」（丟）

「我很好。」（接）

「你吃過飯了嗎？」（丟）

「我剛吃過呀，你呢？」（接了再丟）

也就是說，我們透過說話的方式來溝通，來表達（丟球）和接收（接球）意念。

而我們和動物溝通時，進行的場域是在我們的大腦，也就是說我們在大腦內進行意念的丟接球。

意念是具有能量的，所以我們可以把這個意念跟想法想像成是球，跟毛小孩在對接傳遞。既然是丟接球，當然也就關係到彼此的頻率，跟丟接球的技巧有沒有很好地對應到。

假設對方是世界第一的投手，你也有可能就是接不到他的球；就算是很糟的投手，你也有可能說不出原因但就是跟他對接地很順暢。這就是所謂的「溝通頻率」是否有對上。

有時在和動物溝通時，很多人會說接收不到毛小孩的訊息，但換了

一個溝通師，毛小孩立刻打開話匣子。當你換一個毛小孩聊天，也有可能馬上接收到他嘰哩呱啦迸發出的直覺訊息，然後懷疑昨天那個什麼都接收不到的自己是發生什麼事。

有的時候沒有什麼為什麼，就是當下的頻率能否對接得上。想要進步，唯一能做的就是多練習，多「丟接球」。經常跟不同頻率的毛小孩練習，自然丟接球的姿勢跟力道都會拿捏得更好。

意念溝通的原理

如果把動物溝通形容為大腦內的意念丟接球，那你也許會好奇，意念究竟有沒有能量呢？芭比的製造商美泰兒公司提供了一個有趣的例子。

二〇〇九年，美泰兒推出了一款名為 Mindflex Duel 的玩具，標榜只要戴上耳機和頭套裝置，裡頭的微晶片就能接收到玩家的腦波，控制裝置中的一顆小球，讓它懸浮在空中，並根據意念的強度讓它上下挪移。這個遊戲還有另一種玩法：兩人進行意念對戰，你可以跟對手比拚意念的強度，運用意志力把球逼近對方就能贏得遊戲。

在 YouTube 上可以找到許多人玩這個遊戲的影片，它證明了意念具有能量，而且這份能量足以影響實體，影響物質世界。

Mindflex Duel 實驗影片

所以每次課上到這邊，我都一定會花十分鐘講接下來的事情，而我在這邊也要花一點篇幅討論，因為我覺得這遠比動物溝通更重要。我甚至會說，如果十年後你完全不記得這本動物溝通初階教學書的內容也無妨，但我希望你記得我接下來要跟你說的觀念。

意念的能量如何影響物質世界？

咪拿桑，讀到這裡你已經知道，意念是有能量的，意念可以影響物質世界，也就是說：你關注，你創造。所以，請你對他人還有自己，都保持好的信念。簡單來說就是：說好話、做好事、做好人。

你的想法會成為你的言語，你的言語會成為你的動作，你的動作會成為你做的事情，最後終將構成你的生活與人生。

盡可能對自己與他人都抱持著好的信念，還有，最重要的，不要自責、不要卑怯、不要自我厭惡。學習擁抱自己、讚美自己、愛惜自己，自重自愛自諒。

如果你認同意念是有能量的，那自責和自我厭惡不就像是一直拿棍子打自己嗎？別做這樣的傻事，讓我們練習用感謝取代對不起。

例如，大遲到，害朋友等很久，真的抱歉，說一句對不起，表達誠摯的歉意，再用感謝與行動作結。「真的很抱歉，我遲到了。謝謝你等我，謝謝你包容我的迷糊，等一下讓我請你吃塊蛋糕感謝你吧！」這樣，是不是比不斷鞠躬說對不起來得緩和舒服許多呢？

跟自己說：「今天沒有做得很好沒關係，我盡力了，我想我今天值得吃一塊美味的蛋糕，或是睡一場舒服的長覺，我辛苦了。」意念具有能量，話語當然也有，因此我們要練習的第一件事情，就是讚美自己與別人。

讚美也是一種意念能量的練習

如果你對於讚美自己有點不好意思，那我們先練習讚美別人吧！這樣做有兩個好處：

・第一個好處，習慣先看到優點。

常常讚美別人，就會讓你帶著這樣的濾鏡看世界，總是先看到美好、優秀的地方，對於生活心態會有很好的提昇能量。漸漸地，你當然也會習慣這樣審視自己。

「我真棒！」「我今天做得很好！」「我辛苦了，今天做到這樣不容易了！」常常這樣對自己說，你也會習慣這樣對世界的。我相信，你用什麼方式對待世界，這個世界就用什麼方式來對待你——這個世界就是你的一面鏡子。

・第二個好處，讓人對你常說的讚美詞產生連結。

如果你對於誇獎自己有點害羞，這個誇獎練習你一定要常做。

跟你說個小祕密，人們其實會把一個人掛在嘴邊的話和他的人對照連結。例如，如果A常常說每個人很聰明，開口閉口就是「你真聰明」，久而久之，A的朋友其實會把A跟聰明連結在一起，因為這個人太常把這件事掛嘴邊了。只要一看到他，大腦就會想到「聰明」兩個字。

想想你那個很愛說別人北爛的朋友，是不是一想到他就覺得很好笑，但也真的很北爛？也就是說，「你常誇別人➡其他人把讚美詞

跟你連結，也這樣誇你➡你大方道謝並接受➡你也開始相信自己是這樣的形象」，如此正向循環。

一句話講完：誇出你自己喜歡的樣子。

以上就是我在課堂上會補充強調的一些觀念，若能讓這些觀念深植大腦，必定對你的人生會有美好且正面的影響，請務必嘗試看看！

現在，讓我們把注意力拉回到「動物溝通是意識的丟接球」這件事上：我們了解到意念是具有能量的，那在動物溝通上呢？

藉由前面提到的腦波玩具影片，我們可以發現大腦發送意志跟任何道具都無關，頭套只是輔助接收大腦的意念，並沒有加強的功能。同樣地，我們在跟動物溝通時是透過意念，即使沒有道具的輔助介入也可以溝通，而且越心無旁騖、精神專注，意念的傳遞也會越強烈。這也是為什麼溝通前需要先冥想的其中一個原因，因為直覺式的動物溝通完全在腦內進行，當你的精神越集中，溝通的過程就會越順利。

直覺式動物溝通最大的特色就是限制少，無須借助道具也能做到，也沒有任何時間、地點等條件限制，因為這一切都發生在我們腦內，

聽起來是不是很酷？

最後我想推薦一個著名的物理實驗——「雙縫實驗」，這是一個關於意念、能量與物質的有趣例子，有興趣的人可以上網搜尋看看。

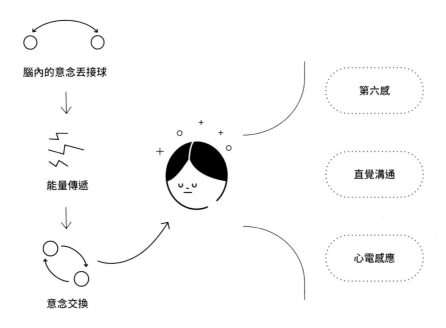

02
了解直覺，使用它更順暢

直覺，就在日常中

上一章我們得知三件很重要的事：

1. 意念是有能量的。

2. 意念的丟接球不需要道具。

3. 意念的傳遞沒有地點和時間的限制，有腦就能進行。

我們也提到，動物溝通的呈現方式跟靈光一閃的直覺很像，所以這一章我們要來討論這些看似神奇但又有點熟悉的直覺。

每個人或多或少都從周遭親友、網路或電視上聽過類似這樣的故事：某人每天都騎機車去上班，有天不知為何，心裡突然有個強烈的聲音告訴他，今天別騎車了，搭捷運吧！於是他聽從了內心的聲音，結果到了公司看新聞才發現，他平時騎車上班的路段發生嚴重的追

撞車禍，如果不是他今天突然改搭捷運，可能就會遭遇麻煩的意外！

對於太過不可思議的事情會產生懷疑是人之常情，不過生活中其實經常有類似只是沒那麼攸關生死的各種小事不斷在發生，比如今天上班時突然問自己要不要改搭另一班需要轉車的公車，但又嫌麻煩而放棄了這個念頭，走到站牌才發現平常固定搭的公車竟然無預警停駛，害你遲到了。又比如你剛認識一個新同事，卻覺得他有一種說不出的熟悉親切感，後來才發現你們不僅有相同的興趣，甚至還參加同一個臉書社團；或是戀愛中的女生常常有這種經驗，直覺告訴你某某同學就是偷偷暗戀你，或是明明沒有證據卻打從心底懷疑男友出軌！

看了這些小故事，應該可以大致了解什麼是直覺。那你會不會很好奇，這些生活中靈光乍現的神奇小片刻是從何而來的呢？

直覺的類型

前面那些關於直覺的例子，有突然改變上班路線的、有第一眼就對某些人有好感的，也有懷疑另一半出軌的，看似完全不相干的直覺，卻有一些顯著的共通點。仔細動動腦，你能歸納出其中的邏輯嗎？

我將直覺粗略分為以下幾種類型：

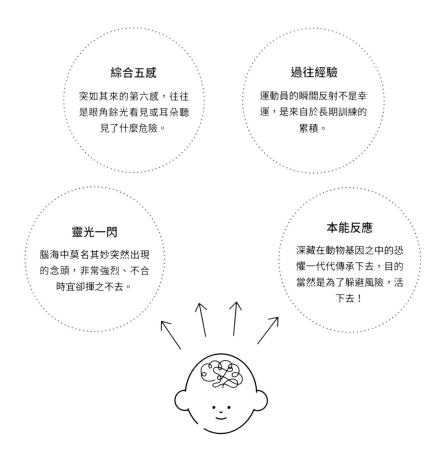

綜合五感

突如其來的第六感，往往是眼角餘光看見或耳朵聽見了什麼危險。

過往經驗

運動員的瞬間反射不是幸運，是來自於長期訓練的累積。

靈光一閃

腦海中莫名其妙突然出現的念頭，非常強烈、不合時宜卻揮之不去。

本能反應

深藏在動物基因之中的恐懼一代代傳承下去，目的當然是為了躲避風險，活下去！

1. 靈光一閃的直覺

每個人肯定都有這樣的經歷：腦海中莫名其妙突然出現一個念頭，通常非常強烈、不合時宜卻揮之不去。

這邊讓我出賣一個自己的小故事，有點糗，但很真實。

有天下午，我一如往常準備去民生社區的小春日和咖啡店工作，腦袋裡突然冒出個聲音對我說：今天換個地方，去樂樂咖啡好了！

這念頭的出現連我自己都感到意外，明明是自己腦袋裡迸出來的想法，但感覺很像別人突然告訴我什麼奇特的事一樣。我平常都是在小春日和工作，為什麼突然想去別間店？當時我掙扎了一下，最後決定跟直覺唱反調，畢竟我是去工作，點個兩杯咖啡就要坐一下午，理性告訴我，還是去熟悉的店家比較好。

於是我去了小春日和，像平常一樣坐在熟悉的位置，把筆電、筆記本、手機等所有工具通通就定位後，突然覺得想挫賽，走進廁所才發現，完蛋，真的挫賽，因為馬桶居然壞了！

所以我只好又把擺好的工具通通塞進背包裡回家，然後你們也知道的，挫賽的人急著想找馬桶，但走越快，便意越猖狂，我一路都在擔心會拉在褲子裡！

這些日常生活中突然出現的念頭其實就是一種直覺，就像警示小鈴鐺突然響了。比如我突然想改變習慣去其他咖啡店工作，又或者前頭提到那個突然覺得應該坐捷運去上班的例子，雖然說車禍跟挫賽的嚴重程度不是同一個量級（畢竟一個是噴血，一個是噴屎），但這兩個念頭卻有類似的作用，就是你的腦袋試圖以靈光一閃的直覺提醒你，避開接下來可能發生的麻煩。

Leslie 的小提醒與練習

尋找日常生活中的警示小鈴鐺

你的生活中是否也有一些神奇的靈光一現（例如在交通上，或是關於老闆、客戶、家人、毛小孩等方面），幫助你躲過大大小小的麻煩呢？

回想出三個案例，記錄在筆記中，你會發現直覺真的沒有那麼難。

練習筆記

2. 綜合五感產生的第六感

有位同學曾經跟我分享一個故事，他是一位剛到職的保險業務員，某天約了個大客戶在咖啡店要做保單評估，結束時突然下起傾盆大雨。當客戶正煩惱等等有急事該怎麼辦，他立刻帥氣地拿出雨傘送客戶一程，當下讓客戶覺得他細心周到又可靠，而他也順利拿下這個大案子，贏得當月的業績獎金。

我問他平常有帶傘的習慣嗎？他說沒有，出門前連天氣預報都沒看，也不知道為什麼，那天就是想帶傘。

原因可能有很多，可能是他早上起床時感受到溼度跟平常不一樣，又或者是看著天空覺得等等應該會下雨，就順從直覺帶了傘。

當我們專注在思考某一件事情時，難免會忽略來自其他方面的訊息，不過被忽略並不表示你的五感沒有接收到。五感指的是視覺、聽覺、嗅覺、觸覺和味覺。我們的各個感官接收到訊息後，會經由神經傳達到大腦。當下你也許專注在某件事情上，但你沒有注意到，不表示大腦沒有注意到。

例如有時會有一種突如其來的不對勁感覺，往往是因為你的耳朵聽見或眼角餘光看見了什麼危險，督促你的大腦對你發出警示訊息。

Leslie 的小提醒與練習

用五感體會來自大腦的警訊

我們來做另一個直覺練習。回想一下是否曾經有過這種經驗，你的五感接受了某個狀況，最後發現是警訊？

例如走在斑馬線上，沒來由地急剎停下腳步，下一秒就有一輛違規右轉的車從你面前呼嘯而過。這可能是餘光瞄到車影或耳朵聽到不尋常的引擎加速聲，綜合五感瞬間做出的直覺判斷。請將類似的經驗記錄下來。

3. 過往經驗的累積

有沒有聽從事業務工作（無論是房仲或精品業等）的朋友說過，有時才跟客戶接觸沒幾秒鐘，就知道這筆單做不做得成，或是有那種常說自己「好的不靈壞的靈」的同事，總是能在電話一響，就知道這通電話是不是老闆打來罵人，手上的案子又出了什麼麻煩事。

又或者，每次好萊塢電影裡或運動賽場上都有那種選手，一秒就能判斷球飛來時要往哪接殺；或是從股災中生還的股市好手，在面對市場的起伏時可以當機立斷，投資買進或拋售止損⋯⋯這些「瞬判」高手，你覺得他們是天生好運嗎？

他們當然不只是好運而已（雖然我還是相信好的意念能帶給我們好運和好福氣），而是托「過往經驗」的福。

人的腦袋就像一個超大型資料庫，儲存著過往的所有經驗。任何發生過的事，包括微不足道的小事，其實大腦都記得，只是我們不一定能想起來而已。

運動選手可以預測對手的動向，基金操盤者可以準確判斷何時該進場退場，他們靠的都不是運氣，而是透過長期觀察與練習，大腦資料庫所回饋的反應。若是當下發生的事和過往的經驗不同，大腦會自動叫出資料進行比對，比對不上就會發出警告。

這也說明了直覺是可以練習跟累積的。只要有足夠的經驗資料，直覺也可以像開關燈泡一樣閃現，或像警鈴一樣叮一聲提醒你避開可能的危險。這些是我們每個人天生擁有的技能，只要稍加練習就能掌握得更好。

Leslie 的小提醒與練習

練習召喚大腦資料庫

想想看，你長久累積的工作經驗，是否曾幫助你做出一些難以理解卻又精準完美的判斷，事後回想起來都覺得不可思議？

給自己一小段安靜的時間，放下書本，召喚大腦的資料庫，尋找並記錄那個當機立斷的瞬間。

練習筆記

4. 本能反應的直覺

很多人天生對昆蟲或過於密集的東西感到恐懼，怕蛇、昆蟲、老鼠、蟑螂或者怕黑。你問他們為什麼，他們通常也說不出個所以然來，就是很怕，甚至有些人怕到會發抖昏倒的程度。

我覺得這些是深藏在動物基因中的本能反應，幾萬年來一代一代傳承下來，目的當然就是躲避風險，讓我們能安全活下去！

例如，你有想過為什麼會有密集恐懼症嗎？我覺得（未經研究，只是個人推測）密集恐懼症會讓人聯想到蜂窩，這當然滿危險的，或是聯想到密集的斑點，通常斑點密布的昆蟲或植物也都不是好惹的，離遠一點是上策。又或者是聯想到滿滿的蛆（如果你正在吃飯我很抱歉），一來代表不潔，吃了會出大事，二來如果這裡有腐肉，那食腐動物如鬣狗可能也在不遠處，你的直覺會叫你離遠一點。

Leslie 的小提醒與練習

恐懼的整理

你是否也有類似這樣的動物本能，例如對某些昆蟲或動植物有特別敏感的反應，可以在這邊把它記錄下來，做個自我觀察。

練習筆記

找出直覺的軌跡

你有沒有發現，這些乍然出現的直覺看似毫無關聯，但都有一個共同的目的，就是提醒你避開危險。

我們也可用十字座標圖來分類，將上述直覺從可理解到不可理解、十分神奇到日常可遇的狀況，表示如右圖。在這些直覺中，「靈光一閃」聽起來最神奇，「綜合五感」或許和個人的觀察能力有關，「過往經驗」則是每個人獨一無二的人生經歷堆疊。

前面幾頁關於直覺的練習或筆記，可能有些你寫得出來，有些一片空白。不論寫不寫得出來都沒關係，因為這就是從我們的日常去捕捉直覺的軌跡。

至於怎麼找尋、怎麼判斷，有沒有標準答案呢？

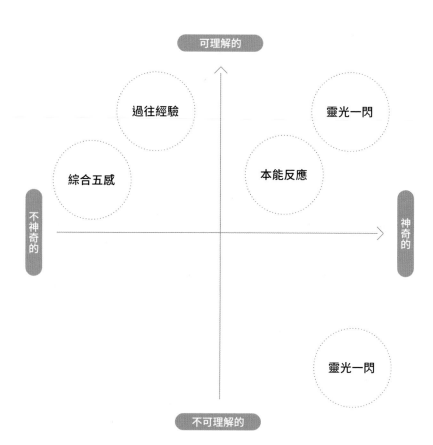

這邊先來說個故事：現在是下午第一堂數學課，數字讓你昏昏欲睡，實在是好睏啊，中午吃太飽，怎麼老師的聲音如此有磁性、如此催眠……這時你突然背後覺得怪怪的，有一道視線掃過來，好像有人在看你，好想轉頭去確認啊，那感覺讓你的睏意全消……那究竟是什麼……真的有人在看你嗎……

你覺得有人在看你，是屬於下列哪個直覺？

類型	答案
靈光一閃的直覺	
綜合五感產生的第六感	
過往經驗的累積	
本能反應的直覺	

你很快就能將你的直覺完成分類，還是覺得困惑，好像每一種都有可能？

跟大家分享一下我的答案。

你覺得有人在看你，是屬於下列哪個直覺？

類型	答案
靈光一閃的直覺	沒來由地，忽然覺得需要看一下周遭。
綜合五感產生的第六感	眼角餘光掃到老師的嚴厲視線與黑臉。
過往經驗的累積	忽然全班安靜，必定是有不妙的事發生，快看看周遭。
本能反應的直覺	生物本能對於周遭肅殺的氣氛非常靈敏，即刻做出反應。

是不是覺得我寫的每一項都很有道理？每一個都很說得通？其實直覺就是這樣，事後回想會覺得好像滿明顯、滿容易辨認，但是在它出現的當下，幾乎是無法分辨的。

在直覺出現的瞬間，我們無法判斷它的來源，我們只能決定是否跟隨它做出反應和行動。（很重要，畫螢光筆，期末會考。）

也許我們人類習慣把所有的事情推敲再三，反覆找出規則與邏輯，但是在直覺的世界裡，我們沒辦法分析得那麼細緻。我們只能擁抱所有直覺來臨的念頭與瞬間，接受它、相信它，然後等待事情的發生，等待它和我們生活的細節對應上的瞬間。

直覺的呈現方式無法超越你的人生經驗

誠如前面所說，我們其實無法在靈光一現、電光火石的直覺瞬間，去抽絲剝繭判斷其來源，因此我們應該做的，是擁抱接納所有的直覺念頭。

我還有一個觀念想分享，那就是：所有的直覺呈現方式，都來自你的人生經驗。

你也可以解讀為：你不可能知道你不知道的事；反過來說，你只能知道你已經知道的事。你所有的直覺都來自你自己，而直覺呈現的方式不可能超出你的人生經驗與體驗。

看起來有點像繞口令對吧？且讓我舉例說明。以下是我自己畫的手繪圖，跟大家分享。強烈建議你可以用圖像輔助思考，把思考的過程畫下來。不用在乎美醜，我們不是參加寫生比賽，這些都只是在幫助我們的大腦整理思緒而已。

有一天你被外星人抓走了，他在大腦裡跟你交換意識、對話。他跟你說：「我們在我們的星球每天都是吃電線桿。」

這時你會覺得很奇怪，電線桿有什麼好吃的？電線桿那麼硬，口感會好嗎？

也許對外星人來說，他們的星球有一種植物，隨意長在路邊，直挺挺、硬邦邦的，灰灰的很大支，吃起來硬硬的，而且有巨大的能量！

這樣東西在你的大腦中可能會呈現「電線桿」這個形象，因為你的

大腦裡沒有其他的字眼或形象可以輔助理解，你在地球的生活經驗中沒有見過這樣的植物，而大腦的「以圖找圖」功能在這時候就會聰明地說：「啊！灰灰的、高高的、有很大能量的東西！挖哉啦！電線桿嘛！」

這時候路人（？）又會說話了：「外星人來地球當然吃電線桿啊，不吃電線桿吃什麼？」

欸，等等，按照這個邏輯，那外星人來地球幹嘛不吃核電廠？那不是 CP 值更高嗎？可是外星人在那個時刻，卻給我們看「電線桿」的圖像，就是因為電線桿最符合他們家鄉的能量土產：「隨意長在路邊，直挺挺、硬邦邦、灰色的很大隻。」

在未知道謎底以前，也許我們會有各種猜測跟懷疑，可是知道謎底以後，一切又是如此理所當然。所以，我想強調的是，在直覺念頭來臨的當下，與其去質疑這個當下直覺念頭的合理性，不如擁抱且接受所有可能性。

在這個外星人的故事中，不管是意念的對接傳達、畫面的傳遞方式，還有旁邊路人的觀察思考，會不會覺得都和動物溝通很像？

透過這個故事，我想告訴你以下幾個我覺得很重要的觀念：

・意念的傳遞都是透過「以圖找圖」的方式進行

當對方的意念來到自己的大腦，大腦就會在短短幾秒內立刻進行地毯式搜尋，找到和對方所要表達的訊息最相近的資料。

・你的人生體驗就是大腦搜尋的圖庫

既然是用以圖找圖的方式進行，圖庫當然就是你自己的大腦。你大腦裡的所有內容，自然來自你的人生體驗與經歷。

・主觀經歷與體驗絕對會出現

正因為圖庫來自於你的人生體驗，所以你的生活中曾經發生過的事絕對會出現在直覺的念頭中。如前文所說，只要放開心胸、不加判斷地接受就可以了。

・直覺在當下是無法分析的

直覺的念頭時常毫無邏輯秩序可言，但聰明的人類總想要找出一個合理的軌跡，來說服或推翻自己。電線桿跟外星植物這個比喻，描述了任何的念頭閃現都有其原因，它是接收者的大腦當下所能找到最相近的圖片，所以一時很難分析來源。

・接受並擁抱所有的靈光一現

正因為分析直覺來源沒有太大意義，事後的推敲也可能只是自己的

想像，因此當直覺念頭來敲門時，我們要做的就只有放開心胸，坦然地擁抱所有靈光一現的直覺念頭。

學習到這邊，應該覺得資訊量有點大吧？你去泡杯熱茶，休息一會兒，我來整理本篇的重點摘錄，我們一起回顧一下。

直覺的來源分成：靈光一閃的直覺、綜合五感的第六感、過往經驗的累積，還有出自本能反應的直覺。儘管如此，所有直覺閃現的當下都是無法辨認來源的，我們只能無條件地擁抱、接受直覺，等待生活中的對照出現。

而且直覺的呈現方式無法超出你的人生主觀體驗，因為意識溝通的執行方式是以圖找圖，圖庫就是你的大腦，你的腦袋裡不可能裝了你不知道、從沒體驗過的事，對吧？

如果這篇你都有讀懂讀順了，以上這些有點腦炸的重點應該每一行都很熟悉才對。如果閱讀時皺起了一點眉頭，有一點不懂，那你要回去再認真看一遍喔。

俗話說「從 0 到 1 是最難的」，這些就是我想為大家建構的動物溝通基礎邏輯。這些知識就像是金字塔的基底，底盤必須建得又穩又大，之後學習的金字塔想蓋多高都不是問題。

這些內容讀順以後，也許有些同學的想法是：「嗯，我對這些知識都很能理解與接受，但問題是，親愛的 Leslie，我沒有直覺怎麼辦呀？我的人生從小到現在，就很少有直覺的念頭啊，難道這樣我就與動物溝通無緣了嗎？」

莫慌莫急莫害怕，直覺是可以練習的。各位同學，下一個章節就是我整理出大家日常可做的直覺練習。

03
強化直覺的練習方法

隨時隨地操練你的直覺肌

直覺也可以練習？聽起來很神奇吧。

追求翹屁股的人，可以每天用深蹲來訓練自己的臀大肌；追求跟毛孩溝通的人，當然也能利用各種訓練方式來加強自己的「直覺肌」。

比如說，你在上班通勤的途中可以問自己：「踏進公司大門後，第一個遇到的人是男是女？會穿什麼顏色的衣服？」

比如說，下大雨了，你想叫小黃回家，這時你可以問自己：「等等叫到的計程車，車牌號碼尾數是什麼？」

諸如此類的練習方法有很多，只要你不確定下一刻會發生什麼事，就可以自己在腦海中進行快問快答，試圖抓住直覺給你的訊息，等事情發生後再對照自己的直覺是否準確。

練習問題可以天馬行空，範圍可以越來越大，也可以越來越細節，

例如明天的天氣如何？下次開會的地點會在哪裡？試著讓直覺答案閃現的速度越來越快、越來越不加思索，並且觀察每一次的變化跟進步。

直覺需要對照

所有的直覺都需要對照，否則它就只是個無謂的念頭而已。這也是為什麼在最初的直覺練習階段，我們必須找可以和現實世界相對應的事情來練習。

除了利用日常生活中的各種瑣事來練習如何抓住直覺，我也非常推薦一款名為「Illusion 百分直覺」的桌遊卡牌。你可以找人和你一起練習，重點是拋開過多的思考，相信你的直覺。

在課堂上玩這個卡牌直覺遊戲時，我們發現，玩得越快的同學，通常直覺表現越好。我們還會將遊戲加速，玩閃電戰，當一來一往的速度越快，很多人會發現自己之前其實想太多了。

我們因此得到一個結論：直覺練習要越快越好，越不加思索越好。就像霍格華茲的學生在使用咒語時，越快速、越直覺，他的咒語效果就越好。這個卡牌就像我們的分類帽，讓我們看看自己屬於哪一種類型，看看自己是不是過度思考的直覺者。

Leslie 的小提醒與練習

這裡分享幾個課堂上同學在做的日常直覺小練習，歡迎你一起試試看。

直覺小遊戲1：請朋友提供另一位你不認識的朋友的名字，想像對方的個性、樣貌、身形，以及他和朋友的互動習慣，再請朋友與你討論對照。

直覺小遊戲2：和同行友人去餐廳吃飯時，猜他要點什麼餐。

直覺小遊戲3：看到不認識的動漫封面或美劇韓劇標題，想像一下它的故事類型和劇情發展。

以上都是同學想出來的遊戲，當然你也可以自由發揮，想出更多可以在日常生活中進行的直覺練習。

當你閱讀到這裡時，是不是有點腦汁快要用盡的感覺？我會在這裡預留多一點筆記空間，讓你可以稍作停留，休息一下。建議持續進行至少一週的直覺練習，不要趕不要急，讓直覺融入你的生活，習慣直覺出現在生活中。

克服自我懷疑的心魔

當你開始練習直覺，用不著幾天的時間，你就會遇到第一個關卡，那就是──你會開始懷疑自己！

沒事問自己等一下見到的人會穿什麼顏色的衣服、叫到的小黃車牌幾號，整個練習過程好像跟肖欸沒什麼分別，尤其在剛開始的階段，你的直覺沒那麼靈敏，對照的結果不一定是準確的，這種時候會開始懷疑自己，這是非常正常的情況。

但是別忘了，你才剛開始啊！如果練習個兩天，你就能成為直覺之神，是不是有點太苛求自己了呢？

直覺就像鋼琴一樣，是一種可以越練越強、越練越穩定的技巧。在練習過程中，偶爾靈光，偶爾當機，忽強忽弱，這都是很正常的事情。我們要做的只有不斷持續練習，像練一首鋼琴獨奏般，將它越練越熟就好了。

或是你可以將直覺練習想像成是在健身重訓，鍛鍊肌肉。持續不斷地練習除了可以將肌肉越練越大，還能增加你對肌肉的控制力，輕鬆完成教練指定的動作。

看到這裡，應該有不少人早就好奇到不行了吧？我們身上真的有可以控制直覺的肌肉嗎？到底什麼是「直覺肌」呢？

請見下一章分曉～

松果體、腦波與冥想

大家有沒有想過，為什麼所有跟動物溝通有關的書籍和課程，總是不脫「冥想」這件事？

談到這點，我們必須先扒清楚動物溝通進行的原理。由於這其中會聊到太多專業學理和科學研究文獻，我特別邀請小 Q 博士，從「松果體」還有「腦波」兩個角度來解釋動物溝通。

值得特別一提的是本篇收錄的「動物溝通師腦波研究」，觀察溝通師在和毛小孩聊天時的腦波變化，獲得了非常珍貴又有趣的結果，幫助我們透過科學來認識動物溝通，你一定和我一樣迫不及待吧！

讓我們歡迎小 Q 博士出場～（鼓掌）

01
松果體，感應看不到的能量

嗨，大家好，我是小 Q ～

很開心接到 Leslie 的邀請，跟大家分享我的所知所學，事不宜遲，讓我先從大家關心的「直覺肌」開始吧！

Leslie 常會提到，除了練胸肌、腹肌、人魚肌，動物溝通師的「直覺肌」也是一條需要時常鍛鍊的肌肉。看到這裡，我知道你一定會問，「直覺肌」是什麼玩意兒？有這條肌肉嗎？在哪裡？答案是：當然有，就在你的腦袋裡。

在直覺肌的訓練過程中，我們還常會提到如何「活化松果體」。許多文獻記載，松果體能感應「看不到的能量」，在講解宇宙萬物連結的方法學中更是被廣泛提及。

蛤？直覺肌的訓練聽起來就很玄了，還能跟松果體扯上關係？那如何才能活化松果體？有什麼科學根據嗎？

別急別急，且讓我娓娓道來。

客座講師小檔案

AmyQ（小 Q），本名李星瑩，擁有醫檢師執照，因熱愛研究而繼續攻讀博士，畢業於長庚大學生物醫學研究所。曾前往瑞士做免疫癌症醫學的博士後研究，回台灣後進入生技公司推廣癌症基因檢測服務，在這段過程中逐漸發現，一個人身心靈的健康與整合，才是預防疾病的關鍵。

從小就喜歡思考人生的意義、突破框架嘗試新事物，深信每個人都能發揮天賦、開心做自己。現在是一位身心靈整合療癒師，致力從科學的角度，和大家一同解鎖生命中那些不科學的事。

[◎] amyqlife
[f] Amyqfantasy

松果體的位置

從解剖學來看，松果體長在第三腦室後方、左右兩個腦半球之間，是一個大小如豌豆的灰紅色組織。因為它的外型長得很像小松果，才會得到一個這麼可愛的名字。

許多科學家經過多年的摸索和研究，才終於確定了松果體在大腦中的位置。但事實上，許多考古團隊發現，松果體早就大量出現並且精準描繪於古代壁畫和文獻中。在東方壁畫中，松果體出現在諸多神明的眉心，小小圓圓，類似痣的模樣，俗稱「第三隻眼」或「天眼」。在古埃及壁畫中，最著名的神祕圖騰便是形如松果體的荷魯斯之眼。

可是直到今日，科學界對於松果體的用途還有很多未解之謎。目前研究最多、最確定的，就是它會分泌各種不同的激素，影響動物多方面的生理功能。其中包含大家熟知、負責管理生理時鐘的褪黑激素，還有被喻為「幸福因子」的血清素，以及近期被廣泛討論的二甲基色胺（一種「致幻劑」）。

但是，這麼一顆豌豆大的小不點，究竟是怎麼影響我們的直覺？又有什麼神奇的感應力呢？

AmyQ 的研究小筆記

古人比當今科學家更早知道松果體能調控生理時鐘？

科學家花了大把力氣，才發現松果體的褪黑激素對調節生物的生理時鐘很重要。松果體具有對應日夜、晝夜節律的功能，遠在古埃及時期就有跡可循。

你知道埃及赫赫有名的荷魯斯之眼還有分左右眼嗎？左眼代表月亮，右眼代表太陽。先不說埃及人把荷魯斯之眼當作「真知之眼」，有著神聖與純淨靈魂智慧的意義，單是它一左一右掌管黑夜的月與白晝的日，就這麼恰好地對應上現代科學發現松果腺細胞的其中一個功能，真的很神奇欸！

松果體的超感應力

目前科學家只有在脊椎動物的腦中發現松果體的存在，而你可能不知道，松果體的組織結構中還含有能感受光線的感光細胞。（欸～～～）（我知道你有發出小小驚呼聲。）

在二〇一八年的一項研究論文中，科學家找到證據，一種出現於五千萬年前的遠古巨蜥頭頂上方有可以感應光線的第三和第四隻眼睛。目前這兩隻眼睛被認為是遠古巨蜥的松果體和松果體旁的器官，負責方向判斷、晝夜節律和生物時鐘（類似候鳥如何判斷何時該遷徙搬家）等重要功能[1]。

但是（科學經常有個但是），經過這幾年生物演化學的研究與考察發現，當今只有低階脊椎動物的松果體細胞還具有感光功能。在高階脊椎動物中，松果體的感光功能已近乎喪失，並改由眼睛的視網膜取代。

如果松果體是脊椎動物祖先主要負責感應光線的重要眼睛，那在古代壁畫中，人類把松果體視為「第三隻眼」一點也沒錯啊！

有沒有可能，松果體不只可以感應「光線」？不然幾千萬年的演化至今，高階脊椎動物松果體的功能為什麼沒有全部消失，而是只有

感光功能不見？

有沒有可能，松果體還能捕捉「看不見的光」，如靈魂之光、意識之光？又或者松果體具有其他神奇的感應能力，好比「心電感應力」？

有趣的是，科學家從其他動物的研究中也發現，松果體除了感應光線之外，對於距離、方向的判定，以及與同種生物溝通的「心電感應力」可能也很有關聯。

或許是因為人類大腦的語言區塊太發達，我們太習慣用語言溝通，顯得心電感應聽起來就像是在唬爛。但其實在沒有語言的動物界，比起叫聲，松果體的超感應力很有可能才是他們彼此之間更常使用的溝通方式。像是飛行中的候鳥會自動排列成 V 字隊形，魚群不發聲音也能一起朝某個方向游動，還有一些生活在黑暗中、眼睛已經退化甚至沒有功能的動物，都有可能是依靠松果體的超感應力來確認距離和自身的位置[2]。

當然，目前的大眾科學普遍認為，生活在黑暗中的動物如蝙蝠，或深海動物如鯨魚，都是靠聲納確認彼此的位置和移動方向。但科學界至今也沒有證據能說明松果體不是動物溝通的重要器官啊！也就是說，「動物們即使沒有語言，也能利用松果體彼此交流」，這句話從本質上來看，沒有人能說它是錯的。

松果體還可以感應地球磁場與電磁波

我相信你一定有過這種經驗，在一個都是新朋友的場合，你會自動想遠離或靠近某些人，並在相處一段時間後發現自己的感覺還真準！但如果我問你，怎麼知道要遠離某些人？你可能會說：「啊，我就是知道，直覺告訴我這個人跟我磁場不合。」

「磁場」兩個字聽起來好像很科學，但前面套上「直覺」兩個字，好像又變得有點不科學了。究竟這個「直覺磁場」的感應是怎麼來的？我認為從科學的角度來看是有跡可循的，而且和松果體有關。

在深入探討磁場前，我們先來聊一下前面提到的候鳥。

生物學家已經證實，候鳥飛行的方向和他能否感應地球磁場的強弱有密切關係。正是因為候鳥對地球磁場有精準的判斷能力，才不至於在季節大遷徙時各自暈頭轉向亂亂飛。

但你知道候鳥對磁場的感應能力，很需要光線的協助嗎？（推眼鏡）

當光線穿入候鳥的眼睛之後，細胞的光化學反應會產生自由基對（radical pair），而這個短暫的自由基對具有量子效應，可以協助候鳥「看到」地球磁場，再判斷該飛往哪個方向繁殖或避冬[3]。

嗯哼沒錯！你是否也靈光乍現、邏輯連通，突然「松果體」三個字飛入腦海中？！

歷史上也有關於人類松果體與方向感的研究。一九八五年於英國發表的一份科學期刊上，刊載了七百五十位病人的方向感認知研究結果，其中松果體沒有鈣化的人平均得分為 7.6 分（滿分 10 分），松果體鈣化的人只得到 3.7 分。

研究者認為，松果體的鈣化會改變大腦內原有的低頻電磁波環境，從而影響我們對於磁場的反應機制，進而導致方向感缺陷[4]。

目前科學界找到越來越多證據證實，只要是活的細胞，就可以對這微微的、讓人幾乎沒感覺的低頻電磁波產生反應[5]。

你知道嗎？我們居住的地球大自然空間裡，不管是山林還是海邊，全都籠罩在地球產生的低頻電磁波中。近年來也有越來越多文獻提出，生物細胞能否和地球的低頻電磁波產生共振，對我們的健康有著重大的影響[6]。

AmyQ 的研究小筆記

地球的低頻電磁波

看到「電磁波」三個字，是不是讓你有點緊張？想說電視新聞都講電磁波會傷害身體，怎麼現在說地球平時也會產生電磁波，還會影響細胞健康？

其實，我們居住的地球本來就因為地磁和大氣的光電效應，在地球電離層（Ionosphere）內自然產生非常低頻的大地電磁波，頻率約在 7.83 赫茲（會隨地球狀態微改變），又稱「舒曼波」。

至於那些會對人體有疑慮的電磁波屬於超高頻電磁波，頻率約在 1,000,000,000 赫茲或以上。

美國太空總署（NASA）對登上太空站的太空人進行研究，他們發現如果太空人離開地球太久，失去地球磁場的刺激，身體細胞無法和大地電磁波共振，會造成太空人骨質快速流失[7,8]！

既然大地與動物細胞之間的電磁波會相互共振，促進生命健康的延續，那動物之間的溝通模式，是否也可能是透過這種讓人聽不到、看不見也摸不著的磁場與電磁波相互交流呢？

我們前面提過，松果體的細胞具有感光功能，也從演化歷史得知許多脊椎動物可以利用松果體來判斷方向，所以有沒有可能，在松果體的原始設定中，包括了負責感應磁場的變化？（當然，這是我的一個假設，還有很多細節需要研究證實。）

綜合以上各種討論，都指出松果體有機會感應到這些「看不到的能量」，有可能是脊椎動物體內最發達、最敏感的感應器官。而在生物演化的科學研究中，一些看似動物「直覺」的生存法則其實與松果體有著密不可分的關連。

既然如此，我們在學習動物溝通時，也可以藉由活化松果體，讓我們與動物之間的心電感應更順暢嗎？

重訓你的直覺肌，用冥想活化松果體

想要有超強「直覺肌」，就得想辦法活化你的松果體，而「冥想」是目前公認最有效的方法。

為什麼呢？我們可以從兩個方向來討論：

‧冥想有助於減少松果體鈣化的機率
近代科學研究發現，人類發育到七歲左右，松果體就會逐漸鈣化或萎縮（甚至有資料顯示比七歲更早就開始）。許多人認為，這也許就是人類逐漸失去直覺和超感應力的原因。你一定聽過，小小朋友比較容易有超感應力或神祕體驗，一些說出來會嚇死媽媽的話，多半也是從不滿七歲的小小朋友嘴裡脫口而出。

鈣化或萎縮的松果體可否逆轉，至今尚未被科學證實。不過二〇〇七年有一篇以功能性磁振造影（fMRI）進行的研究顯示，當受試者在靜坐、冥想時，松果體的活性明顯增加[9]。所以關於松果體功能的活化，還是非常有可能透過冥想練習而有所改善的，甚至減少松果體鈣化的機率。

‧冥想有助於促進松果體激素的分泌
由於松果體激素都屬於神經傳導物質，除了知名的褪黑激素負責調

控生物節律、提醒器官休息之外,血清素和二甲基色胺也都會影響人類情緒和對周圍環境的感官認知。

睡眠和情緒是影響人類生活幸福與思路清晰的兩大基石,當你腦袋不清楚或情緒不穩定時,你對周圍人事物的理解力和共感力也會明顯下降。

近期有越來越多研究顯示,冥想有助於提高松果體激素(褪黑激素和血清素)的濃度。雖然其中的詳細機制仍不明確,但長期有冥想習慣的人確實表示自己對周圍人事物的感知能力有明顯提升。

綜合以上的討論,相信你對於為何透過「冥想」來重訓「直覺肌」,應該也有一些心得和想法。Leslie 常說,初學者抱持好心情、多進行冥想練習、多與大自然連結、照顧自己的身心、幫助自我放鬆,這些都有助於動物溝通的表現。我說實話,這些建議也不是單純的隨口說說,在某種程度上也是有一些科學基礎的唷!

AmyQ 的研究小筆記

神奇的內分泌腺體

關於松果體的研究，早在希臘時代就有記載，但是一路
到了二十世紀才被證實它是一個內分泌腺體。目前已知
松果體主要分泌三類重要激素：

1. 褪黑激素（melatonin），已知與生物時鐘和睡眠調節
有關。當我們感知到太陽光減弱，松果腺細胞便會開始
製造褪黑激素。褪黑激素就像古時候街上敲鑼的「報時
者」，負責通知身體器官準備休息，該上床睡覺了！這
也是為什麼常常搭飛機出差的人，會建議服用褪黑激素
來調時差。

2. 血清素（serotonin），又稱為「幸福因子」、「快樂
激素」。許多研究發現，當血清素濃度不足，很可能會
造成過度憂鬱、焦慮，進而引發失眠和學習障礙。所以
Leslie 是不是常提醒，想要成為棒棒的動物溝通師，記
得要時時保有躍躍欲試、積極快樂的態度呀！

3. 二甲基色胺（DMT），又稱「精神分子」，是一種致幻劑，已知與幻覺和高維度精神認知有關。自然界中已知有許多植物含有二甲基色胺成分，比如南美巫師常在通靈過程中使用的死藤水便是其中一種。

在二〇一九年的一項研究中發現，實驗用大型老鼠的松果體內有製造二甲基色胺所需的酵素基因表現，並且檢測到微量的二甲基色胺[10]。但截至目前為止，人類的松果體是否可以自行製造二甲基色胺，在科學上仍有爭議。因為在臨床實驗中，尚無在健康人體的松果體內實際檢測到二甲基色胺的例子。但這樣的結果也無法排除可能和人類松果體鈣化的程度有關，隨著功能正常運作的松果體區域減少，二甲基色胺的分泌量也有可能隨之減低，導致無法被檢測出來。

AmyQ 的研究小筆記

走進大自然，活化松果體

在一些宗教儀式或自然療法中，常會講到打赤膊、踩草地、摸泥巴等很「接地氣」的行為有助於調整身體的頻率，甚至促進身體的自癒能力。前面我們也已經知道，身體細胞能否與大地電磁波共振，對於細胞的活性和功能的維持很重要，所以如果想要強化或加速活化松果體，到大自然中練習真的是一個很不錯的選擇喔！

參考文獻

1. Smith KT, Bhullar BS, Köhler G, Habersetzer J. The Only Known Jawed Vertebrate with Four Eyes and the Bauplan of the Pineal Complex. Curr Biol. 2018 Apr 2;28(7):1101-1107.e2. doi: 10.1016/j.cub.2018.02.021. PMID: 29614279

2. 《松果體的奇蹟：覺醒內在潛能，改寫人生與身體的劇本》，松久正著，邱心柔譯，方智出版社，2019 出版。

3. 科學人，霍爾（Peter J. Hore）、穆里特森（Henrik Mouritsen），2022 年 6 月 11 日，〈候鳥導航靠量子磁感〉。於 2023 年 10 月 6 日檢索 https://sa.ylib.com/MagArticle.aspx?id=5386

4. Bayliss CR, Bishop NL, Fowler RC. Pineal gland calcification and defective sense of direction. Br Med J (Clin Res Ed). 1985 Dec 21-28;291(6511):1758-9. doi: 10.1136/bmj.291.6511.1758. PMID: 3936572; PMCID: PMC1419179.

5. Ikeya N, Woodward JR. Cellular autofluorescence is magnetic field sensitive. Proc Natl Acad Sci U S A. 2021 Jan 19;118(3):e2018043118. doi: 10.1073/pnas.2018043118. PMID: 33397812; PMCID: PMC7826401.

6. Flatscher J, Pavez Loriè E, Mittermayr R, Meznik P, Slezak P, Redl H, Slezak C. Pulsed Electromagnetic Fields (PEMF)-Physiological Response and Its Potential in Trauma Treatment. Int J Mol Sci. 2023 Jul 8;24(14):11239. doi: 10.3390/ijms241411239. PMID: 37510998; PMCID: PMC10379303.

7. Nuage Health. Retrieved October 6, 2023 from https://nuagehealth.in/how-nasa-research-supports-pemf-therapy/

8. NASA Technology Transfer Program. Retrieved October 6, 2023 from https://technology.nasa.gov/patent/MSC-TOPS-96

9. CH Liou, CW Hsieh, CH Hsieh et al. Correlation between Pineal Activation and Religious Meditation Observed by Functional Magnetic Resonance Imaging. Nat Prec (2007).

10. Dean JG, Liu T, Huff S, Sheler B, Barker SA, Strassman RJ, Wang MM, Borjigin J. Biosynthesis and Extracellular Concentrations of N,N-dimethyltryptamine (DMT) in Mammalian Brain. Sci Rep. 2019 Jun 27;9(1):9333. doi: 10.1038/s41598-019-45812-w. PMID: 31249368; PMCID: PMC6597727.

02
神祕的腦波

在醫療發達的世界，我們已經可以透過各種先進的醫學檢測，了解自己的身體被操成怎樣了（？），但你可曾想過，有沒有什麼科學檢測方式，也能幫助我們了解自身的心理健康狀態，乃至精神是否欠安？

這項實驗會出現在這本書裡，得先說起我與一位動物溝通師好友 Hanna 的實驗日記。

某天，我的學員在聽我演奏水晶缽時，同意當我的實驗對象，讓我同步用儀器監控他聽水晶缽時的腦波變化。我驚喜地發現，在他沉浸於水晶缽的聲音沒多久，腦波圖中出現很穩定的 θ 波（Theta wave）訊號！

在腦科學領域中，θ 波被廣泛認為屬於大腦「自動駕駛」、「放鬆」或「潛意識」的訊息交流狀態。如果是在執行邏輯分析、大腦思緒紛飛時，則會以 β 波（Beta wave）為主。

當我把這項結果分享在我的 IG 限時動態後，引起了 Hanna 的興趣。雖然他身為動物溝通師已有一段時間，也有很多老師上課時告訴他，人的腦波在與動物連結時會改變，可是聽到的都是理論，不知道這是不是真的呢？

於是我們決定一起來做個實驗，找一天他在做個案服務的同時監測他的腦波，看看是自動駕駛的 θ 波比較活躍，還是邏輯分析的 β 波比較活躍。

想不到，當天的實驗結果引起了 Leslie 的注意！畢竟「動物溝通」在很多人心中聽起來是一份很玄的工作，如果有一些科學實驗能進一步說明它的客觀性，相信能幫助大家更認識和信任動物溝通師。

於是乎我們開啟了一趟小小的「動物溝通師腦波研究」之旅，但在揭曉我的觀察結果之前，先讓我們來多認識一下腦波。

無時無刻都在放電的大腦

你有沒有這種經驗，冬天去摸門的把手時，「啪」很大一聲，不僅嚇一跳，還被電得哇哇叫？

沒錯！我們的身體細胞本身就充滿各種帶電離子，也正是因為這些

帶電離子，神經細胞才得以有效率地傳遞各種生物訊息。

腦波（或稱腦電波）檢測的本質，就是記錄大腦神經細胞放電的過程。透過貼在頭皮上的電極，把偵測到的電訊號轉化為我們在螢幕上看到的腦波圖形，屬於非侵入性的檢測。

但我們要先知道一件事，就是每一次的腦波檢測結果，都和「當下」使用的機器、受測者的狀態、空間環境等等因素有關。所以這個人「當下」測出來的腦波，就是當下的狀態，不等於他一輩子的腦波都長這樣。

但是，在固定的實驗設計下，我們還是能歸納出一個人近期大腦習慣運作的模式。人的行為模式都有慣性，更何況你的行為是透過大腦神經放電傳遞出訊號後，才讓你的身體去產生動作的。

所以我也常跟大家說，大腦的腦波就跟肌肉一樣，經過「調教」與「訓練」是會逐漸改變的。不然失眠患者去醫院治療失眠，用腦波儀器觀察治療效果是做好玩的嗎？

雖然大腦的運作方式至今仍是一個世界之謎，但經過多年研究，科學家對腦波的認識還是漸漸有了一些共識，並做出了一些分類。請讓我再用一小篇幅跟大家說明，幫助大家後續看實驗結果看得更懂！

腦波的分類

傳統的腦波分類，是根據偵測到的訊號頻率，由高到低粗分為四大類型。

β 波（Beta wave）

當我們清醒地處理邏輯複雜、需要理性分析的所見所聞時，大腦的腦波會以高頻率的 β 波為主。我們每天一睜開眼睛，真的是有多～到處理不完的訊息。但如果持續讓大腦這樣工作，很容易產生壓力與焦慮，造成失眠。

α 波（Alpha wave）

目前已知，從事紓壓放鬆的活動，有助於降低大腦的 β 波，並提高讓人感覺喜悅、放鬆的 α 波。而 α 波的表現又跟一個人可否思慮清晰、專注於當下息息相關，非常重要。

θ波（Theta wave）

當大腦神經細胞運作進入這個頻率時，意識會比較放鬆與敞開，被認為對於意識的自由連結、改寫、創造等能力有幫助。

δ 波 (Delta wave)

在過去的大眾科學認知中，δ 波和深度睡眠有關。如果在睡眠週期間，δ 波出現的時間不足或不對，通常會判定這個人的睡眠品質較差[1]。但最近十年的一些研究發現，高強度冥想的修行者，當他們完全進入所謂「入定」狀態時，大腦也會出現明顯的 δ 波[2]！

γ 波 (Gamma wave)，也被稱為第五種腦波

近年來，科學界重新定義了一個新的腦波區段，把較高頻率的 β 波改稱為 γ 波。目前許多人相信 γ 波與高維度的資訊整合有關，甚至認為大腦就是用這樣的頻率和宇宙或大地的頻率串聯，但實際上的確切功能仍待釐清。

腦波	頻率	功能
Gamma (γ)	30-100 Hz	與高維度的認知運作和大腦整合相關。
Beta (β)	12-30 Hz	通常在清醒狀態下處理複雜的邏輯和分析事物時出現。
Alpha (α)	8-12 Hz	通常在閉眼休息和放鬆時出現，也與專注力有關。
Theta (θ)	4-8 Hz	通常在睡眠、創造性思維和放鬆狀態下出現，與大腦自動駕駛、潛意識表現有關。
Delta (δ)	0.1-4 Hz	通常在深度睡眠時出現，近期發現大腦進入深度冥想狀態時也會出現。

AmyQ 的研究小筆記

神奇的腦波：高頻率 γ 波

既然大腦的每一區都有自己主要掌管的資訊範疇，我們要如何快速且同步統整大腦各區的資訊呢？

高頻率的 γ 波近來引起神經科學家與心理學家的注意，被認為和大腦的多維度認知與整合運作高度相關。二〇一七年的一份研究也指出，大腦 γ 波的表現會隨著冥想經驗的增加而相對升高[3]。科學家認為，可能是深度冥想的高度專注狀態，提高了大腦神經傳導的速率。

有趣的是，歐美知名的通靈者巴夏（Bashar）近期也做了腦波檢測，當他進入通靈狀態時，大腦 γ 波會明顯增加[4]。除了他之外，也有其他通靈者在通靈時做腦波檢測得到相似的結果。

許多人相信，人們在進行超意識連結時，大腦會需要更快速且同步處理各種資訊，所以當溝通師與毛小孩連結時，γ 波是否也會增強呢？我相信這會是一個非常值得在未來繼續探究的題目。

動物溝通是哪一種腦波呢？

動物溝通是有其邏輯和科學根據的，許多書籍和資料都有提到這一點。除了動物溝通這項技巧本身可以被學習和複製，透過家長的對照驗證，以及不同溝通師與同一隻動物對話後可得到相似的結論等，都能從客觀角度證明動物溝通的真實性。

但你應該還沒有看過關於動物溝通的腦波資料吧？當人類與毛小孩聊天時，大腦的腦波會呈現 α 波還是 θ 波呢？

在華人的研究圈中，我至今尚未看到與動物溝通師相關的腦波研究，接下來要跟大家分享的，可以算是首次研究成果大公開！（超開心拍手尖叫）

不過我必須先聲明，以下分享的結果，都只屬於「現象觀察」，請不要看完就自動下結論，認為動物溝通師的腦波「一定」都是長這樣喔！

一般科學家在做實驗前，都會先提出一個假說，再根據實驗結果來討論假說是否成立。所以我做了一個推測：

在溝通師與動物連結（聊天）時，大腦普遍會降低腦波的頻率，進入自動導航的意識狀態，利於與動物的意識相連，所以我們應該會

看見大腦 β 波的下降、α 波的穩定表現，以及爆棚的 θ、δ 和 γ 波。

腦波研究本身就有很多複雜的因素需要納入考慮，再加上每個人溝通的習慣與模式都不同，所以目前還很難歸納出一個明確定律。此外，礙於手邊研究儀器的限制，我們以下的實驗數據中沒有 γ 波的資料。但整體來說，我還是在這小小研究中發現了一些有趣的規律，想跟大家分享。

來來來，讓我們一起從科學的視角，透過腦波來窺探在動物溝通時，我們的大腦發生了什麼神奇的事吧！

和動物溝通時，θ 波蹦蹦跳

參與本次實驗的動物溝通師共有十二位，都是年齡介於二十五至四十歲的神仙美女，工作年資從幼幼班小菜雞到老油雞都有，他們的基本資料請參考下一頁的表格。

為避免打亂溝通的連結與節奏，我會在實驗過程中錄影，方便之後與溝通師討論，確認腦波的表現與接收訊息、溝通方式、身體行為等的關係。

動物溝通師	年資	近期每月接案數 （毛小孩量）	慣用的溝通方式
A	10 年	4	畫面型
B	9 年	20	畫面型
C	7 年	20	言語型
D	5 年	24	畫面型
E	3 年	5	體感型
F	2 年	15	畫面型
G	9 個月	8	言語型
H	5 個月	20	畫面型
I	5 個月	2	言語型
J	2 個月	5	畫面型
K	2 個月	20	言語型、畫面型
L	1 個月	8	言語型

以下我會舉 H 小姐的例子作代表，和大家分享解釋實驗過程和數據。

H 小姐是一位學霸，習慣邏輯思考和理性分析，平時做事快狠準。記得剛和他聯絡時，他快速、直接、不囉嗦的講話方式，讓我在內心默默推測，他平時應該是一位做事很「上腦」（也就是 β 波偏高）的人吧。

喜愛邏輯、理性思維的人都有一個特性，就是很喜歡「找證據」或「做實驗」，驗證各項事物的真實性。果然，在實驗前的訪談中，H 小姐熱情地表示自己在學習動物溝通後，就非常想找人檢測自己的腦波，因為他很想看看自己與毛小孩聊天時的腦波是不是真的不一樣！

看著他興奮又期待的樣子，我也跟著興奮雀躍起來。畢竟能這樣近距離觀察動物溝通師的大腦，對於從科學背景跨足身心靈領域的我來說，真的超有趣、超好奇！（興奮蹦跳）

好咧，不好意思，我冷靜一下，回歸嚴謹態度，一起來看實驗結果吧。（推眼鏡）

做科學實驗的過程中，通常都要先有一個「控制組」（檢測的基準值），才能在後續與「實驗組」（觀察值）做比較。

所以，為了回答「動物溝通師與動物連結（聊天）時，腦波的種類和平常表現有什麼不同」這個問題，我們得先來檢測 H 小姐在平時放鬆狀態下，腦波的基礎表現情形。

以下為 H 小姐在平時「睜眼」與「閉眼」的腦波概覽：

左腦

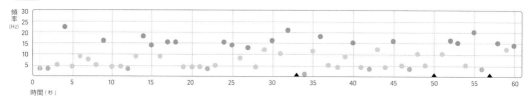

右腦

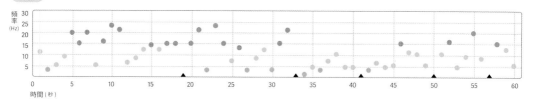

圖一　H 小姐睜眼時的大腦優勢波　　● β　● α　● θ　● δ

▲ 腦波外的強訊號

腦波偵測過程中，若有肌肉顫動現象，其訊號強度可能過強而影響優勢腦波判斷，故以黑點呈現。

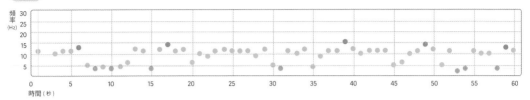

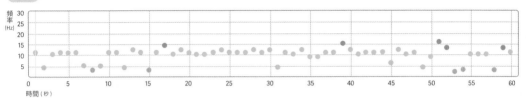

圖二 H 小姐閉眼時的大腦優勢波　　　●β　●α　●θ　●δ

觀察一下，你有發現什麼不同嗎？

從腦波圖表可推知，H 小姐真的是一位大腦 CPU 運轉快速、習慣邏輯思維、理性分析事物的人。在他睜開眼睛時，大腦優勢波的圖上一片紅，也就是他的 β 波明顯活躍許多（圖一）。

但有趣的是，當他閉上眼睛時，紅色的 β 波瞬間減少，改以藍色的 α 波為主要優勢波（圖二）。此外，我在現場也明顯觀察到，H 小姐一閉上眼睛後，很快就進入了相當寧靜、專注的狀態。

基礎腦波資訊（控制組）收集完成後，我便開始幫 H 小姐做動物溝通時的腦波記錄（實驗組）。

在與毛小孩聊天的過程中，H 小姐會時而閉眼，時而睜眼動筆記錄，但整體以睜眼的時間居多。（據說當天和他聊天的是一隻話很多的狗狗，所以他需要不停動筆寫字或畫圖。）以下是 H 小姐在與毛小孩聊天時的腦波概覽：

左腦

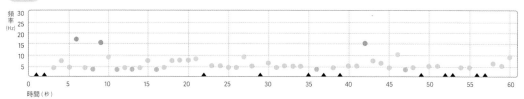

右腦

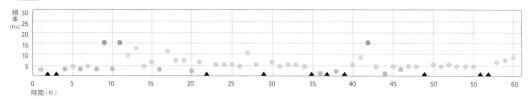

圖三 H 小姐動物溝通時的大腦優勢波　　● β　　● α　　● θ　　● δ

▲ 腦波外的強訊號

腦波偵測過程中，若有肌肉顫動現象，其訊號強度可能過強而影響優勢腦波判斷，故以黑點呈現。

尼坎坎～這個結果是不是很驚人？和基礎腦波完全不同！

在整個過程中，H小姐的腦波幾乎主要都是綠色的 θ 波（圖三），還真真正正的「青」一色了呢！

根據我的經驗，處在放鬆狀態下，睜眼時還是出現很多 β 波的人，通常思緒很難放空，也很難降低腦波頻率！即使邀請對方改變意念，「不要想太多」，還是很難讓他在短時間內（睜眼狀態下）降低 β 波的活躍性。

沒想到基礎腦波主要呈現 β 波的 H 小姐，在與毛小孩聊天時，即便需要一邊溝通一邊筆記，但在大部分時間裡，都能看到他的大腦穩定地呈現出代表自動導航意識的 θ 波。

參考其他動物溝通師的檢測數據，與毛小孩聊天時以畫面為主要溝通方式的人，也可以看出其大腦內 θ 波的比例上升。

接下來，我想問的第二個問題是：「動物溝通師接收到訊息的瞬間，腦波會有什麼特殊表現嗎？」

除了觀察優勢腦波的種類是否改變，腦波本身的「相對表現強度」也是一個有趣的參考指標。

AmyQ 的研究小筆記

動物溝通師大腦裡的 α 波

這邊要小小提一下，在這十二位溝通師的腦波研究中，我發現許多不是以畫面型溝通方式為主的人，與動物聊天時，以 α 波為比較常見的優勢波。

但「優勢波」是指在檢測的當下，儀器測到整體表現度最顯著的腦波（包含分布佔比、表現強度等）。但實際上，在實驗檢測的每一刻過程中，每一種頻率的腦波其實都同時存在的。

所以在後續分析中，即使不是以畫面為主要溝通模式的人，還是可以看到瞬間炸開的 θ 腦波。有些人也會同時看到較高強度的 α 波，如圖五的 L 小姐。

由於動物給予訊息的方式往往較為片段，甚至有些動物根本就不太愛理人，這些變因都增加了實驗觀察的困難度。但感恩這回和 H 小姐聊天的是一隻多話的狗狗，才能在當天做比較多次關於「收到訊息」的驗證與討論！

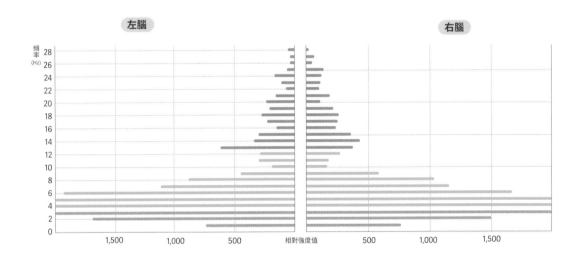

圖四 H 小姐動物溝通時的腦波相對強度　　　●β　●α　●θ　●δ

我驚喜地發現，每當 H 小姐收到毛小孩訊息的瞬間，大腦 θ 波本身的表現強度會突然往外炸出，出現「高強度 θ 波」！（高強度的定義，指的是超出圖表座標軸上 1,500 的相對強度值。）

好玩的是，觀察其他十一位溝通師跟毛小孩聊天時的腦波圖，「高強度 θ 波」炸好炸滿的瞬間（圖五）也都被確實記錄下來了呢。

而且，在現場與溝通師一起回顧實驗過程影片時，許多人都反饋，他們真的就是在「高強度 θ 波」出現的那瞬間正好收到毛小孩的訊息，所以才緊接著動筆做記錄。

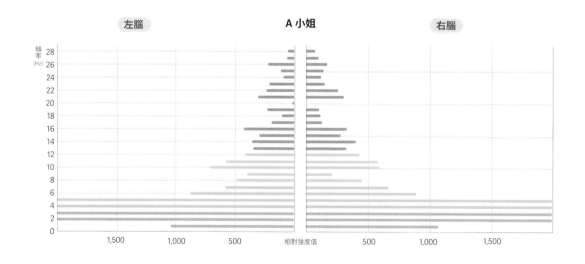

圖五 十一位動物溝通師收到訊息瞬間的腦波相對強度　　●β　●α　●θ　●δ

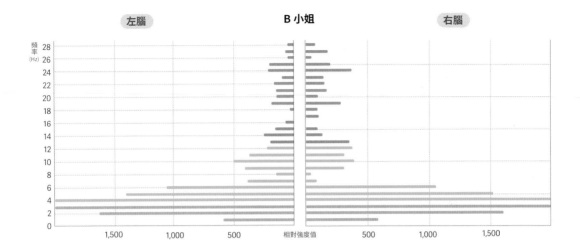

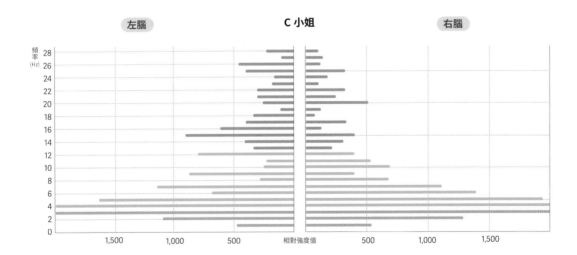

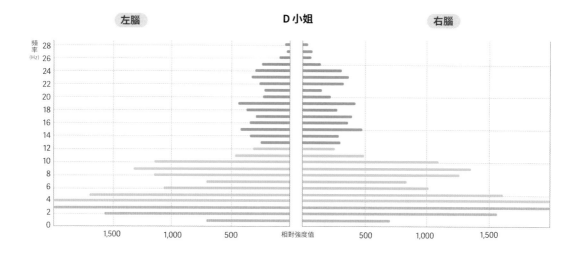

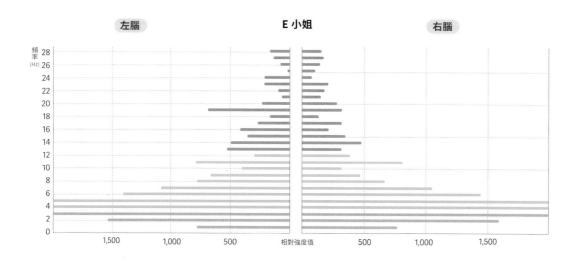

圖五 十一位動物溝通師收到訊息瞬間的腦波相對強度　　●β　●α　●θ　●δ

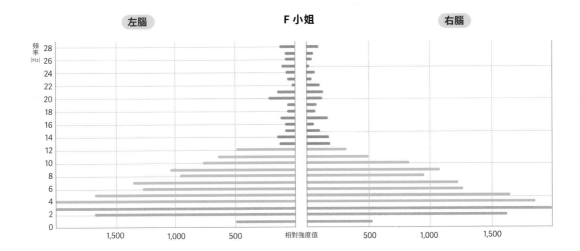

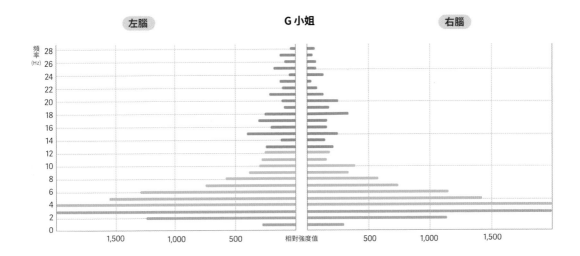

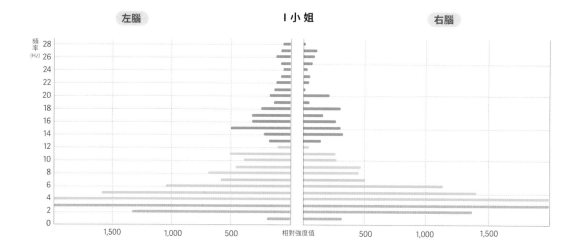

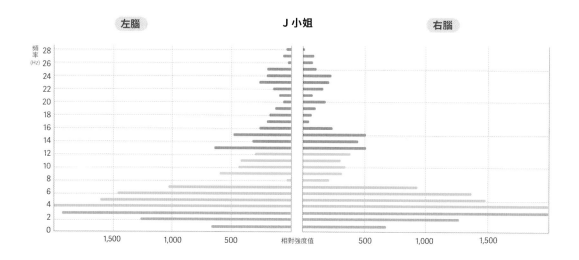

圖五 十一位動物溝通師收到訊息瞬間的腦波相對強度　　●β　●α　●θ　●δ

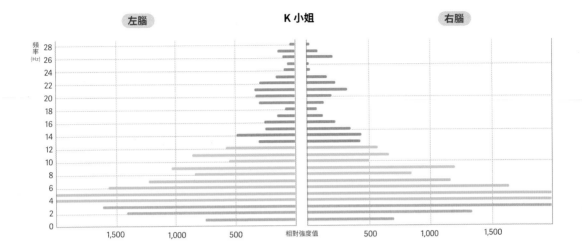

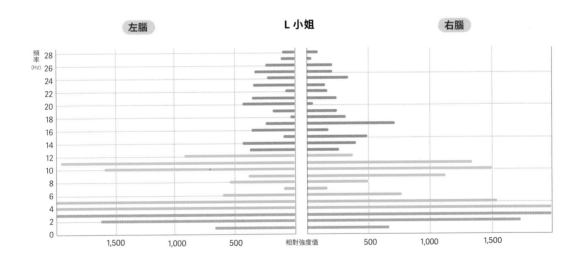

真的在「接收訊息」，還是在「幻想」？

看到這裡，我相信還是有些人會問：「那動物溝通師給出的回應，有沒有可能是根據他過往的經驗『想像』出來的？」

是呀，我也有這樣的疑惑！為了回答這個問題，我邀請 H 小姐幫我再次運用理性與邏輯，回想或幻想一些往事。以下是他在進行「邏輯想像」時的腦波：

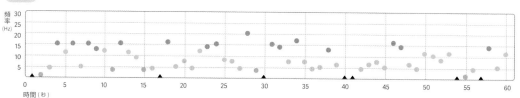

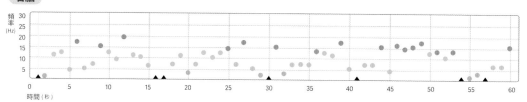

圖六 H 小姐邏輯想像時的大腦優勢波　　　● β　● α　● θ　● δ

▲ 腦波外的強訊號

腦波偵測過程中，若有肌肉顫動現象，其訊號強度可能過強而影響優勢腦波判斷，故以黑點呈現。

由於 H 小姐本身就是大腦 CPU 運轉快速的人，當他再次啟動邏輯想像一些事情時，腦波圖上紅色的 β 波再次出現（圖六）。從大腦優勢波的比對（圖三 vs 圖六）可以清楚看見，當 H 小姐與毛小孩聊天時，整體大腦神經細胞放電的頻率，與他在邏輯想像時很不一樣。

當我看到這結果時，也覺得真是太神奇了！

不過陸續請更多溝通師做邏輯想像的實驗之後，我發現，要看到像 H 小姐在「動物溝通」與「邏輯想像」期間有明顯不同的大腦優勢波配置，只有在基礎腦波（睜眼時）原本就是 β 波比較高的人身上才會看到，例如 B 小姐與 J 小姐（圖七）。

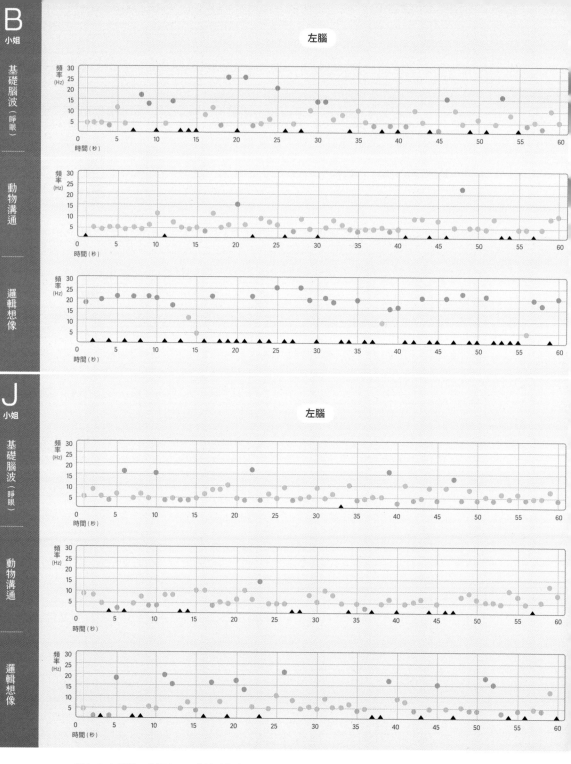

圖七 B 小姐與 J 小姐在不同狀態時的大腦優勢波

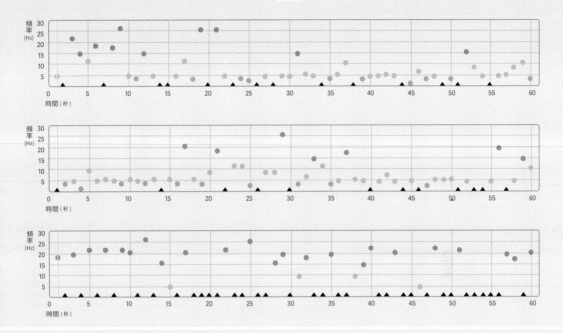

右腦

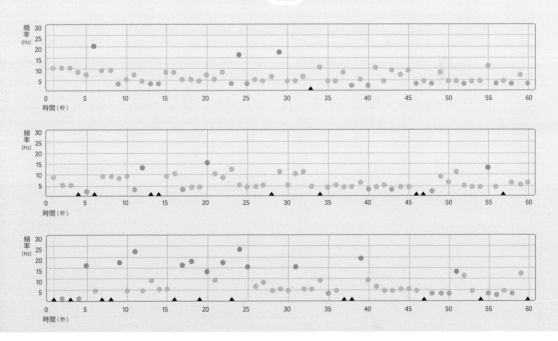

右腦

● β　● α　● θ　● δ

▲ 腦波外的強訊號

　　腦波偵測過程中，若有肌肉顫動現象，其訊號強度可能過強而影響優勢腦波判斷，故以黑點呈現。

欸可是，難道其他動物溝通師在邏輯想像時，他的腦波就跟動物溝通時一樣，看不出來差別嗎？

別緊張，我接下來要分享一個新的有趣大發現！

當我把有完整納入研究個案＊的腦波數據依序排開後，觀察到這十一位溝通師中有八人，他們在做「動物溝通」時δ腦波的分布比例（單位時間內各腦波出現的比例），高於他們在做「邏輯想像」時δ腦波的分布比例（圖八）。

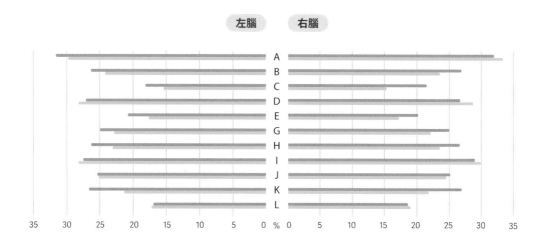

圖八 十一位動物溝通師在不同狀態時，大腦 δ 波的分布比例　●動物溝通　●邏輯想像
＊其中 F 小姐的邏輯想像數據沒有收集到。

前面腦波介紹時提過，有研究發現，長年冥想的人在「入定」時，大腦也會檢測到 δ 波的表現。普遍認為，人們「入定」時會處在身心放鬆、專注內在、意識敞開的狀態，甚至有一種與萬物合一的感覺。在聽取過多位溝通師的回饋後，我想這大概和他們與動物連結時的狀態非常相近吧！

截至書稿出版前，我相信這份研究結果在關於動物溝通師的腦波研究領域中，會是全世界首次公開的大發現喔！

這次的研究除了證明溝通師與動物聊天時，真的會引發大腦 α 波與 θ 波的表現增加，此外，δ 波的佔比增加，很有可能也是一個重要的新參考指標！

那麼，讓我們回到前面一開始我設定的假說。經由以上實驗，我們可以初步推論：

當我們進入一種放鬆並且關注自我世界的狀態時（α 波增加），透過降低大腦神經的放電頻率（θ 波、δ 波），讓意識進入一種高度專注的自動導航狀態，將有助於校準意識的頻率，進而和動物產生連結。

有沒有勤練習，腦波都看得出來

前面有提過，腦波可以經過後天訓練養成，當然，這訓練也包含了腦波能否快速切換頻率。

雖然目前樣本數還不多，但我確實發現，在我們開始進行檢測前，溝通師和動物進行溝通的頻率，甚至他從事動物溝通的年資，都會影響檢測當天大腦 θ 波的表現穩定度。

如果受試者在檢測前幾個月和動物溝通次數較少，本身的溝通資歷又比較淺，這些都能從腦波看出來。因為這些溝通師在與動物聊天時，平均來說真的比較難在一開始就出現「高強度 θ 波」。

既然練習很重要，那你會不會好奇，長時間和非常頻繁與動物溝通的人，腦波會特別不一樣嗎？

目前我的小歸納是，如果這些溝通師是以畫面為主要溝通方式，他們「高強度 θ 波」的表現狀態確實比較穩定！

此外，工作年資將近十年或以上的溝通師如 Leslie，在他與毛小孩產生連結的瞬間，可以觀察到他普遍 θ 波與 δ 波的表現比其他人更強，而且在整體連結過程中，右腦 θ 波的平均相對強度會稍微比左腦強 16%（圖九）。

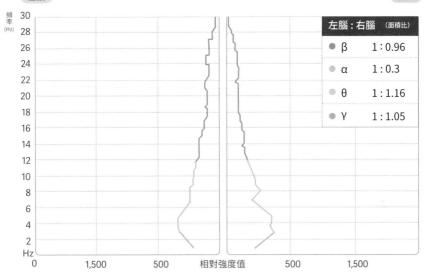

左腦　　　　　　　　　　　　　　　　　　　　右腦

左腦：右腦	（面積比）
● β	1：0.96
● α	1：0.3
● θ	1：1.16
● γ	1：1.05

頻率 (Hz)

相對強度值

圖九 資深動物溝通師與動物溝通時的平均腦波相對強度

這個現象真的很有趣，因為相比於基礎腦波，大師級溝通師在執行溝通任務時，確實可以明顯看到右腦增強的 θ 波。這某種程度也說明了直覺、自由連結等大腦意識的長期訓練，在 θ 腦波的「肌肉」表現上，確實有明顯的不同。

雖然坊間流傳右腦掌管圖像與直覺，很有可能因為這樣更激發了右腦 θ 波的活性，但近年來許多科學家已推翻這樣的說法。事實上，即便大腦正在做圖像處理，也會需要左腦其他部位的協作。

由於我們目前的研究案例數還不多，尚無法給予更明確的結論或解釋，僅能先分享觀察到的有趣結果。但我想這會是後續非常值得深入探討的研究方向喔。（歡迎未來有更多老油雞來找我測腦波！）

從腦波看動物溝通前的冥想

從上面的實驗可得知，溝通師與動物聊天時，腦波普遍會出現明顯的變化，與放鬆、舒壓、意識連結相關的 α 波、θ 波甚至 δ 波的出現頻率都有顯著增加。那麼，如果從腦波的角度來探討，冥想對於和毛小孩聊天到底有沒有幫助呢？

美國羅徹斯特大學（University of Rochester）的腦神經科學家研究指出，大腦皮質有超過 50% 的區域專門負責處理視覺訊息[5]。這代表即便你一早起床什麼都還沒做，光是睜開眼睛，腦內的神經細胞就已經超級忙碌。

事實上，在我們的實驗中，確實可以看到大部分的人閉上眼睛後，因為減少視覺上的刺激，整體大腦 β 波的比例會下降，換 α 波成為主要的優勢波。

大家還記得前面的介紹嗎？腦波的頻率由高到低分別為：γ 波＞ β 波＞ α 波＞ θ 波＞ δ 波。先撇開近年來新界定出的高頻率 γ 波，從

目前我對這幾位動物溝通師的研究中可得知，如果要跟動物做意識連結，建議要讓大腦中代表放鬆的 α 波，以及對自由意識連結有幫助的 θ 波，甚至是 δ 波的比例增加。

儘管冥想對腦波的影響目前尚無定論，但普遍認為，長期進行冥想確實可以幫助大腦降低 β 波，增加穩定的 α 與 θ 波表現[6]。透過有意識的聯想，我們可以暫停原本瘋狂運轉的大腦，把專注力從外在環境拉向內在的自我意識。

所以，想要在溝通前讓自己的整體腦波頻率下降，並且提高專注度，好讓待會跟毛小孩聊天時更順利，透過冥想確實會很有幫助喔！

透過這個章節的分享，你對於動物溝通師的腦波是否有了進一步的認識呢？

雖然這只是小小群體的實驗，但可以歸納出這些結論真的很有趣。至少我認為，以畫面為主的溝通師在與毛小孩聊天時，跟他平時休息或邏輯想像時的腦波真的不大一樣。

當然，因為目前的檢測樣本還不夠多，我必須在此重申，以上都還只是初步的觀察與發現，還有很多面向需要更深入研究。

最後，我想跟大家說，每位動物溝通師都是獨一無二的，有自己獨

特的溝通技巧和準備流程。不論腦波檢測結果為何，所有的資訊一定都是自己和自己比較，不需要過度詮釋自己和其他人的腦波是否相同。相信自己，只要平時有好好練習，你一定可以成為超級閃亮的動物溝通師！

參考文獻

1. Live Science. Retrieved July 20, 2017 from https://www.livescience.com/59872-stages-of-sleep.html

2. FitMind. (2021. November 14). Meditation Brain Study | Advanced Meditator's Experience in Brain Scan during Meditation. Retrieved October 6, 2023, from https://youtu.be/8QfSav-3ZMU?si=tNdBGCyn38STvqdL

3. Braboszcz C, Cahn BR, Levy J, Fernandez M, Delorme A. Increased Gamma Brainwave Amplitude Compared to Control in Three Different Meditation Traditions. PLoS One. 2017 Jan 24;12(1):e0170647. doi: 10.1371/journal.pone.0170647. PMID: 28118405; PMCID: PMC5261734.

4. Tiktok. @free.vibrations. (2023, July 29). Bashar/Darryl explains his EEG brain scan. https://reurl.cc/jvW442

5. Susan Hagen. "The Mind's Eye." Rochester Review March–April 2012 Vol. 74, No. 4

6. Psychcentral, Ari Howard. (2022, April 19). How Does Meditation Affect Your Brain Waves? Retrieved October 3, 2023 from https://psychcentral.com/health/meditation-brain-waves

Leslie 的插播訊息

非常謝謝這次熱情參與動物溝通腦波實驗的十數位溝通師，有些是我的學生，有些是與我深交數年的好朋友，歡迎大家去找他們玩耍。

◎ 動物溝通師們的 IG 帳號（按 ID 字母順序排列）

茜	a_bobo___
Cathee	cathee.dogtrainerandwhisperer
焱哥	gsd_3dogbrother
Hanna	hanna_wonderland2022
妮妮	i_am_niniiii
Teresa	i_see_you_animals
愛波	meows_sotan
小魔女依子	ojamajoyitzu
Pin（品）	pin_animals
維尼	purringtalk
蘇姍與貓	susantalktocats

冥想，直覺的好幫手

一起營造最適合直覺發揮的狀態！

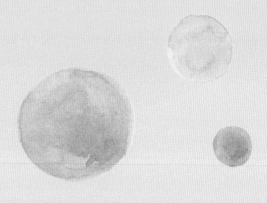

前面提到，冥想可以幫助松果體活躍、減緩鈣化，也能幫助腦波調頻。更簡單一點說，冥想可以幫助我們在短時間內沉澱心靈、束緊注意力，專注於當下。

可是談到冥想，相信很多人第一反應是皺起眉頭，覺得陌生又緊張。

這邊我會帶領大家，用輕鬆又靈巧的角度看待冥想，把它當成一個「幫心靈洗澡」的小儀式。洗澡是個美好又舒適的過程，讓人放鬆又輕盈，洗完澡身心靈舒暢，自在愜意！

01
冥想也需要練習

為什麼需要冥想？

當你開始訓練直覺肌一陣子後，你應該會發現，自己的直覺表現似乎不太穩定。這時候，你可以試著歸納一下原因，在什麼情況下，你是直覺小天才？在什麼情況下，你又會恢復成麻瓜？

太累或沒睡好有沒有影響？沒吃飯血糖太低有沒有影響？如果你剛好是女生，每個月經前經後的荷爾蒙的變化，是不是也有影響呢？

可能的原因有很多，而且每個人的狀況都不太一樣，但是，當你有各種自我懷疑、不耐煩、太累等等負面情緒時，直覺的表現通常都會比較差。所以接下來我們要做的，就是利用冥想的方式，盡量讓自己的心情維持平和、平靜，營造出適合直覺發揮的狀態。

Leslie 的小提醒與練習

這經過了幾天直覺練習，是不是感覺有時候狀況不太好？

這邊可以記錄一下自己覺得「很麻瓜」的時間，找出自己的高低波，同時預備下一階段的練習。

冥想是搭配想像力的呼吸

很多人聽到「冥想」就很驚恐，覺得是一段又煩又毛躁的過程，不但沒靜心，可能還會先火大跟自我厭惡。在這邊我先來跟大家設定一下冥想的定義，我覺得冥想就是——搭配想像力的呼吸。

就是這麼簡單。

你有想像力嗎？你會呼吸嗎？你可以把兩個搭配在一起嗎？我想這對你來說應該不難吧！冥想真的就是這樣而已。

冥想是配合想像力的呼吸，是一種讓身心靈全面放鬆的方法。醫學上早已用各種儀器如核磁共振或心電圖等儀器證實，當人類在冥想狀態時，各項指數都會有所變化。前面也有提到，冥想有助於促進松果體（直覺肌）分泌激素，穩定情緒。

雖然冥想聽起來好處多多，但為什麼明明是幫助放鬆的儀式，可一想到要冥想又覺得壓力山大？

有些人冥想，要不是越做越煩，就是忍不住開始東想西想，想工作上沒完成的事，想男朋友昨晚說的那句話是什麼意思……很多人在剛開始練習冥想時，肯定會覺得很挫折，心想難不成自己是天生的麻瓜，不會冥想，只會胡思亂想？

其實，冥想也是需要練習的。

或許是因為很多人一開始就把冥想想得很難，而面對困難的事情，我們會習慣做許多事前準備，想把一切變因排除，就會變得很在乎冥想的「方法」，想知道時間長短、環境、道具、衣著甚至飲食等習慣，會不會影響冥想的成功率。有趣的是，如果你在 Google 鍵入關鍵字「冥想」，會發現每個人強調的重點都不一樣。

冥想是自由的

我喜歡將冥想譬喻為「幫心洗澡」——洗去各種雜念，洗去各種負面情緒，才能更好地接收來自直覺的訊息。既然是洗澡，當然有各種洗法。

‧時間長短不重要

洗澡沒有規定要洗多久，可能你今天很想睡覺，十分鐘就洗好準備上床；可能你家隔壁正好在施工，你覺得自己連鼻孔跟耳朵裡都卡滿灰塵，非得洗上半小時不可。從來沒有人能解答洗澡要洗多久才算乾淨，因為每個人每天的狀況都不一樣，甚至每個人對乾淨的定義各異。冥想也是同樣的道理，短則一分鐘，長則想多長都可以，我常在課堂上分享：好的冥想，其實三分鐘就夠。

‧讓心平靜的環境

有時我們會在公園裡，看到有人坐在樹下冥想，或是去網路上搜尋，會看見許多在溪邊甚至海邊礁石上冥想的照片。那樣的照片一眼看去充滿了平靜的氛圍，尤其是照片中的人的表情，總是如此陶醉，讓人覺得他似乎在吸收日月精華。

但是，你還記得冥想的目的是什麼嗎？是讓心平靜啊！要是你很怕蟲，坐在樹下只會讓你更焦慮，要是你不會游泳，坐在海岸礁石上只會增加恐懼感！就跟洗澡一樣，有些人覺得在澡堂共浴沒問題，但有些人就是不好意思在別人面前洗屁屁。洗澡沒有一定要在哪裡洗，唯有你覺得自在，才可以徹徹底底連屁股縫（？）都洗乾淨。

‧什麼姿勢都可以

有些人對冥想有個刻板印象，覺得一定要盤腿坐才可以，甚至還有同學問過我，說他的筋很硬，盤腿會覺得腳很痛，怎麼辦？

咪拿桑～放輕鬆～冥想的目的是希望你能輕鬆自在、頭腦穩定、精神集中，只要能達到這些目的，怎麼做都可以。就跟洗澡一樣，站著洗、坐著洗，不都是洗澡嗎？只要你覺得舒服就可以了！躺在床上、坐在椅子上、站在捷運車廂裡，隨時隨地，都可以進行冥想。

· 道具使用隨你意

有許多人喜歡使用道具來幫助心靈平靜，比如水晶、磁石、能量精
油等等，如果你喜歡，當然可以使用。但如果你對這些沒有特別感
覺，也沒有必要勉強自己，選擇可以與自己的頻率產生共振的東西
就是最好。

就像洗澡時，有些人愛撒玫瑰花瓣、點蠟燭增加氣氛，有些人喜歡
用沐浴巾，有些人覺得雙手萬能，有些人一定要用浮石搓搓角質。
但我也遇過天生麗質的人，從來不去角質，腳底皮也是滑嫩嫩。

· 喜歡的背景音樂

有些人認為冥想應該播放一些背景音樂，像是水晶音樂、大自然白
噪音、能量音樂等等。如果這些對你有幫助，可以成為很棒的助力，
但如果你像我一樣，聽到音樂沒什麼特別感覺，也不用勉強自己。

還記得曾經有個同學說自己冥想時會聽 BLACKPINK，當時大家都
很驚訝，韓團流行樂欸！這種活力四射的音樂，好像跟冥想搭不上
邊。不過只要是你真心喜歡的事物，對你而言就是具有高頻能量的
東西，能帶領你去更好的地方。前一項提到的水晶等道具同樣適用
這個道理。

・飲食無硬性規定

或許是冥想跟宗教感覺有點擦邊，所以也有人覺得，吃素會增加冥想的平穩度。

關於這一點，我自己的感覺是，在動物溝通之前冥想，是為了讓我們能更專注於當下、放大感官體驗、覺察大腦的念頭。而不同的飲食習慣，對不同人的身體會產生不同影響。例如時常聽說人嘗試吃素幾個月後，覺得感官知覺放大了，對周遭的感受度更靈敏了，或是吃海鮮素覺得身體比較不容易疲累。也有同學分享，動物溝通前習慣來片黑巧克力，能讓他表現更好。

這部分大家可以盡量多方嘗試，細心觀察不同的飲食對自己帶來什麼樣的影響和變化，再決定冥想前是否要搭配特別的飲食。

・整體舒服自在最重要

總之，冥想是很 free 的，當你給自己許多框架限制時，反而背離了冥想的初衷和目的。當然，每個人的想法都不一樣，有些流派會強調冥想一定要多久時間、使用哪些道具等等，或許不同流派有不同的前置作業，但我個人傾向冥想只要達到放輕鬆、穩定頭腦的效果就好，因此上過我的課的同學都知道，我在課堂上最多讓大家練習冥想十分鐘。（不然我課都要講不完啦！）

「質」比「量」更重要

以我自己的經驗，冥想的「質」絕對比「量」更重要，與其熬著痛苦硬撐著冥想，搞得自己又累又緊繃，高質量的冥想其實只要三分鐘就夠。

我曾經遇過一位同學說，他在動物溝通前得冥想四十五分鐘，我詫異之餘趕快收回心神問他為什麼。如果這是他經年累月找到最適合他的做法，我倒也沒意見，但問題一定就是行不通呀，不然他何必來找我上課？

他說，因為他在練習動物溝通時常常覺得很不穩定，他之前的學習歷程是歸咎於一定是冥想沒做好、做不夠久，久而久之，他變成不知道怎樣才是「穩」跟「好」，而他認為唯一能控制動物溝通的明顯變因就是冥想的時間長短，於是就這樣冥想越做越長、越做越久……（然後壓力山大！）

首先，我覺得動物溝通不穩定有很多原因，這個我們之後討論，但冥想絕對不是唯一的變因。如果一個勁地調整冥想時間，不斷拉長，最後就會形成一個「冥想越久，動物溝通做越好」的謬論（概念近似把冥想時間長短當成動物溝通的保險）。

但冥想真的不是這樣的。對於初學者來說，我覺得在剛開始認識自己的階段，適當地調整時間沒問題，但如果在這個迷思裡面打轉，那就太可惜了。要讓動物溝通做得更好，我們絕對還有很多可以調整和思考的面向。

講這麼多，只想講一個結論：冥想的重點在於放鬆、喜悅、滿足，過程一旦讓你感到緊繃痛苦，就請放下吧。冥想請以你自己舒適開心為主。

雜訊出現時讓它順勢流過

當然，冥想需要練習，如果你從來沒有冥想的習慣，一開始的確會出現不斷被雜念打擾而分神的情況。這並不是你沒有天賦，更不是事前準備不夠，而是我們需要練習如何束緊我們的注意力。

比方說，你坐在咖啡廳的落地窗前，窗外有許多車經過，那些雜念就是窗外川流不息的車。現代人忙碌的生活就好比市中心的主幹道，路上的車流（雜念）無論何時都不可能停下來的。試著不要理會，不要接著想對方要開去哪、車子是不是很髒等等，不要去追那些念頭，就讓它們滑過去。

有雜念是正常的，當它們出現的時候，接受它們、讓它滑過去，千

萬不要在此時出現責怪自己的情緒，陷入內心糾結的小劇場。旁觀那些雜念，讓它們滑過就好，沒什麼大不了，一切都很自然、正常、滑順。

最後，如果你對冥想還有很多的不確定、不了解，請記得冥想就是幫心洗澡，就這麼簡單。你可以慢條斯理用泡泡巾搓出泡泡，最後再來個全身護膚去角質，也可以快速洗個三分鐘戰鬥澡，完全取決於你個人的喜好和習慣，取決於你當天的狀態。不必執著於一定要怎麼洗，只要記得一件事，那就是有洗總比沒洗乾淨。

只是在幫心洗澡之前，我們還是要準備一下，畢竟一輩子沒有幫心洗過澡，剛開始還是會有點緊張，不知從何下手。讓我來為你再多做些準備，理解大腦運作的邏輯，好更了解冥想適合的路徑，循序漸進。

02
順利進入冥想的方法

小碎步拓展舒適圈

在分享冥想的方法之前，我想跟大家討論大腦的運作邏輯。畢竟冥想是幫助大腦活化的程序，所以先了解一下大腦也是挺重要的。

就跟人類社會的憲法一樣，所有與之牴觸的法律皆為無效。憲法是法典的最高準則，一切依照憲法而行。大腦也有大腦的憲法，那就是——一切機制都是為了「求生」，活下來最重要！

前面有提到，直覺的最原始作用就是在危急時刻對我們發出警告，換句話說，直覺是為了求生而存在的。要知道動物存在的使命是繁衍後代，想要繁衍就得先活下來，所以所有的生物設定都和「求生」脫不了關係。

比如說，消化系統是為了汲取營養讓你活下去，四肢的肌肉是為了讓你遇到危險時跑得更快。即使到了現代，人類看似脫離了山頂洞人的穴居，但其實大腦的基本運作邏輯跟以前沒有差太多。

以下我又要展示我的手繪圖像思考過程，大家可以先看圖感受一下我在想什麼，再看下面的文字。

想像你是幾萬年前的山頂洞人，名喚阿花，每天就是走到山洞兩百公尺外的蘋果樹摘蘋果，蘋果又大又甜，摘得不亦樂乎。

後來漸漸地，蘋果越來越少，質也不如以往。問題來了，你會隔天立刻往反方向尋找其他蘋果樹嗎？

不會嘛，你會先向這棵蘋果樹每況愈下的質量妥協，安慰自己，就算蘋果變少變瘦，還是有蘋果啊，誰知道其他地方有什麼？其他地方的蘋果樹可能也一樣啊，快冬天了，好蘋果不好找啦！

或者你想找其他的蘋果樹當備胎，但你也是沿著現在這棵蘋果樹慢慢往附近尋找，對吧？當你在找這些蘋果樹時的內心戲是什麼？傻孩子，就是你淘汰一份食之無味、棄之可惜的工作前的想法啊！

「我現在該辭職嗎？但換了工作難道就沒有爛客戶、爛主管嗎？算了，其他公司恐怕更難搞，至少現在有好同事幫我 cover。」

「誰知道其他工作會遇到什麼麻煩，就算要找其他工作，我還是應該先斜槓一下吧！直接亂跳太荒唐、太恐怖了！」

看到了嗎？你的大腦想事情的方法，跟幾萬年前的阿花其實差別並不大。因為大腦的設計就是為了求生，大腦的功能不是為了讓你開心快樂，大腦運作的最終目的就是一句話：活下去！

所以你知道嗎？大腦其實很懶的。大腦喜歡找到一個安全的路線，然後開啟省電模式不斷重複操作，一來省時省力，二來就是大腦最在乎的──安全。

就像我們每天上班、吃飯、處理制式的工作，然後「經驗」漸漸地主控了我們的行為習慣和思考模式，形成我們每天的例行公事。

每一次要求自己嘗試不同的改變都會很費力，因為大腦都在尖叫：「老兄，別開玩笑了！我們好不容易找到好走的路，你現在想換條路？別鬧了啦！」於是你盡可能地抵抗這個「改變」，這都是大腦的錯，錯不在你啦。（給你搬台階。）

可是，人生的差別其實就在於誰能先做出改變。在這個瞬息萬變的時代，我們常常需要調整自己的步調，去因應時代的變化，但改變這麼難，怎麼辦？

與其跟自己說「跨出舒適圈」這種大腦一聽就嚇瘋的字句，不如說「小碎步拓展舒適圈」。

你可以想像自己在一個透明、柔軟又安全的泡泡氣囊內，慢慢地往外推、往外擴，一點一滴，在你覺得舒適的狀態下多往外走一點點，每次一點點就好，慢慢把舒適圈擴大，這才是大腦喜歡、你也舒服的改變方式。

其實練習都是從熟悉的部分開始，再慢慢擴展到不熟悉。身體怕運動傷害，是誰給的本能反應？大腦啊！所以在做大腦的直覺練習時，當然也跟我們平常開始學習新的運動一樣，慢慢從熟悉擴展到不熟悉，因為大腦喜歡安全，阿花的蘋果樹就是一個很好的範例。你可以想像蘋果樹就是你的「日常例行事務」，這樣就能明白為什麼我們對於跨出舒適圈會這麼抗拒。

那如果我們要開始踏出小碎步了，該怎麼做呢？下一章，我們先來看一些有趣的分析。

冥想也是一樣。很多人一聽到「冥想」兩個字，因為沒經驗所以容易緊張，怕自己做不好，或覺得自己學不會。記得我們剛剛說的，小碎步拓展舒適圈，我們之後的冥想都會基於生活經驗去做練習。

接下來我會介紹四種簡單的冥想方法，如果你覺得有些困難也沒關係，我們慢慢來。重點是要你喜歡，而且感覺舒服。小碎步拓展舒適圈，唯有從你熟悉、喜歡的經驗開始，練習才能順利起頭。若是有些地方覺得很卡，跳過也沒關係。記得，挑你喜歡的做就好。

「專注當下」的四種冥想入門

冥想有各種不同的方法，但目的都是同一個，那就是「專注在當下」。所以沒有哪一種方法一定是最好，只要找到自己喜歡且適合的方式就好。

課堂上我時常在練習後訪問同學的感覺，我常說：「沒感覺也是一種感覺。」不需要要求自己每次冥想都要飛龍在天高山流水的體驗感，這是冥想練習又不是第一屆宇宙冥想大賽。

一定會有你做起來很輕鬆舒服的冥想，也一定會有你做起來沒感覺甚至討厭的冥想。後面的冥想筆記，請按照自己的心情坦白記錄，畢竟，這是屬於你，獨一無二的練習筆記呀。

另外，根據我的教學觀察，不同的冥想，會因為你的狀態不同而呈現不同的感覺，所以這次的記錄就是「這個冥想給目前的你的感覺」，別才做一次就將它認定為永遠。方法操之在人，我們都是活的，冥想的方法當然也是活的，時程更換不同的冥想，可以覺察自己的不同狀態與心情喔。

以下提供幾種比較容易入門的冥想方法：

1. 海浪（最簡單的冥想）

冥想是搭配想像力的呼吸，這個冥想練習就是在大腦裡想像一段綿延不絕的海岸線，幻想自己是風之神，操控著海浪的起伏：當你大口呼氣時，海水被你往前推，呈現漲潮；當水浪往後退卻，呈現退潮時，就是你大口吸氣的時候。你的呼吸與海潮同頻，海潮的漲退就在你的吸吐之間。

如此反覆操作，直到感受到平靜。

或是想像自己站在海岸邊，海浪隨著你的呼吸起伏規律地拍打著海岸：吸氣時，海浪拍上岸；吐氣時，浪捲回海中間。就這麼簡單。

請調動你的感知，用你的眼睛、耳朵、鼻子、肌膚等感官仔細感受，是不是有聽到海浪拍打在沙灘上的聲音？

有沒有聞到海風鹹鹹的氣味？

海浪拍打在腳上又是什麼感覺？

腳底是否感受到海浪帶走的流沙，那種緩緩流逝的酥麻感？

想像每一次吐氣時，海浪帶走了你的焦慮、緊張、不安；吸氣時，海浪重新帶來輕盈、自在、飽滿的清爽感受。如此反覆吸吐漲退，直到你的內心感受到平靜與穩定。

Leslie 的小提醒與練習

這邊我們拿出計時器，停下來做練習。通常我給同學的練習時間是三分鐘，在這短短三分鐘內，我可以感受到整個教室的氣氛逐漸變得沉穩，許多同學的表情和臉部肌肉也都放鬆和緩下來。

好的冥想只需要三分鐘，大腦活化穩定的情況就會大有不同。

結束後，嘗試把自己的冥想畫面畫下來，或用文字描述也可以，但用畫的對思考會更有幫助，建議練習看看。

讓我們一起翻往下頁，看著舒皮的療癒水彩畫，沉浸其中，一起練習吧！

練習筆記

2. 泡泡（適合一般情境）

想像一下，自己正在吹泡泡。每一次吐氣的同時，都有泡泡跟著一起吹出來。

感受一下，每一次吹泡泡，煩悶、緊張的情緒也跟著泡泡一起被吹了出去。也許泡泡一開始是黑色的，隨著每一次的吸吐逐漸變為透明，又或者從很大很大的泡泡逐漸變小，直到慢慢消失不見。

泡泡會隨著你的意念改變狀態。當你越來越放鬆，感覺越來越輕盈，泡泡也會逐漸改變。

和每一次的冥想一樣，仔細運用你的感官，感受一切。

你也可以將吹泡泡的地點、時間等環境因素具象化，比如你是在太陽光下吹泡泡嗎？泡泡是否折射出七彩的光影？

又或者，你是在風很大的曠野中吹泡泡嗎？狂亂飛舞的泡泡，是不是也被風吹回到你的臉上或身上？你的臉被泡泡撞到，肌膚有什麼感覺呢？

當然，你也可以用動作來輔助冥想，比如每次吐氣時，嘴巴也做出吹泡泡的動作。感受一下，當上下唇微微用力時，嘴部的肌肉有什麼感覺呢？

Leslie 的小提醒與練習

一樣給大家三分鐘的練習時間，我們可以試著用動作來輔助冥想。如果抓不到感覺也沒關係，三分鐘過後可以先休息調整一下。

如果你有感受到什麼，請將它畫下來或寫下來。

讓我們一起翻往下頁，看著舒皮的療癒水彩畫，沉浸其中，一起練習吧！

3. 石頭 （適合需要找回穩重平靜感的時刻）

有句話叫做「放下心中一塊大石」，比喻心中豁然開朗、全然放鬆安心的感覺。這就是這個冥想想帶給大家的感受。

想像一顆石頭一直往下掉，或是在水中往下沉。每一次吐氣，都像有一股壓力使石頭繼續下沉、沉澱。

那顆不斷下沉的石頭，就是你的負面情緒和焦躁不安的感覺，每一次長長的吐氣，都讓它往下、再往下沉。吐氣就像是一股下沉的推力，讓這些毛躁感隨之慢慢沉澱。

當石頭往下沉時，周圍是否有水的泡泡？

有沒有水流的聲音？

水是乾淨澄澈的嗎？還是水流有帶動了一些泥沙？

你也可以想像自己就是那顆正在下沉的石頭，下沉時是否感覺到浮力的阻撓？

水是溫暖如羊水般包覆的舒適感，還是舒服的涼爽感？

當石頭靜靜躺在水底，被水流拂過，又會是什麼感受呢？

Leslie 的小提醒與練習

一樣給大家三分鐘的練習時間，想像自己帶著所有的負面情緒，慢慢下沉，慢慢沉澱。記得深呼吸，讓那些阿雜的感覺隨著呼吸離開。每一次的呼吸都越來越穩重、平靜。

同樣地，請畫下或寫下你所感受到的，給自己做個記錄。

讓我們一起翻往下頁，看著舒皮的療癒水彩畫，沉浸其中，一起練習吧！

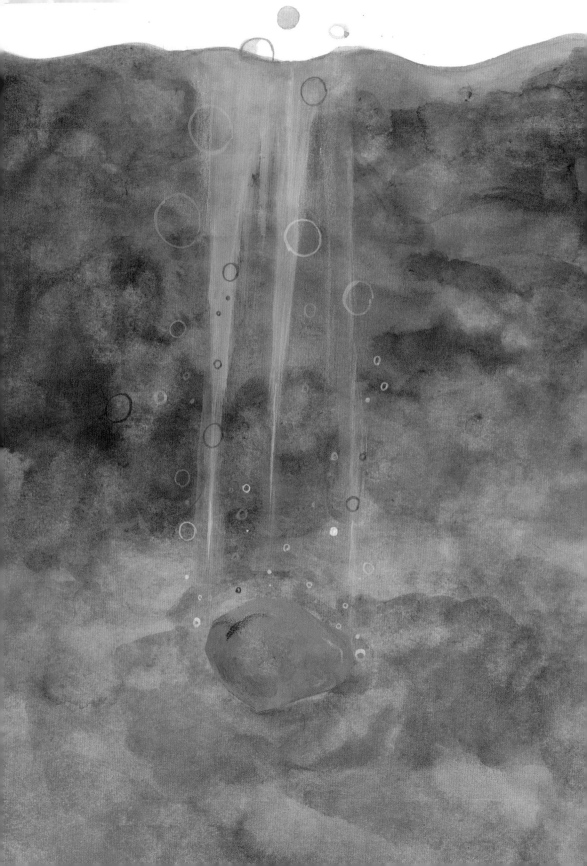

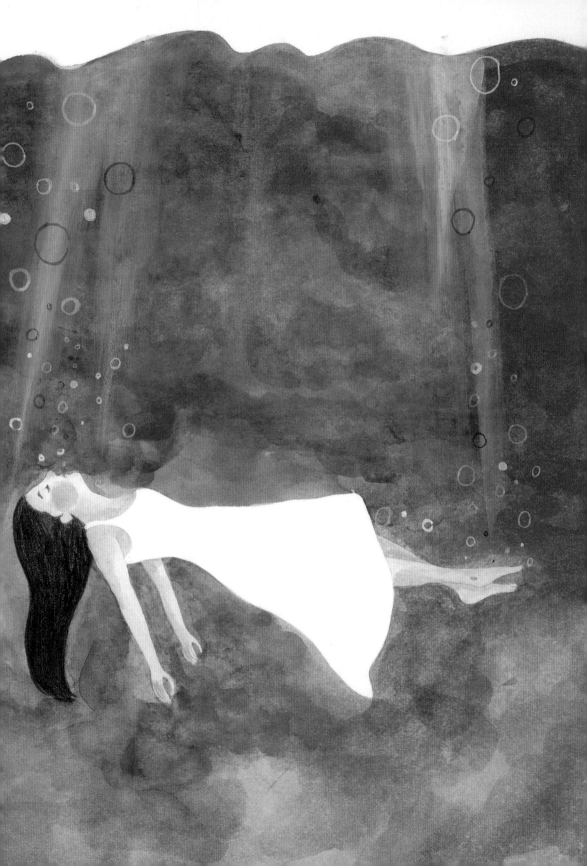

練習筆記

4. 黑霧（適合特別毛躁的時候）

在課堂上，常常有同學很難進入冥想的狀態，或是冥想到一半，突然想到了其他的煩惱，整個人反而變得比冥想前更浮躁。

如果你有同樣的情況，那也沒關係。既然沒辦法不去想，那我們乾脆就來把它想清楚吧！

你可以在腦海中想像出一大張紙，接著想你平常有哪些煩惱，然後想像自己將這些煩惱寫在這張紙上，一項一項列出來。每一次吸氣就寫下一個，每一次吐氣就列出一項。

沒有大到寫不出來的煩惱，也沒有小到不能寫的煩惱，像是這次工作的大專案還有哪些項目沒做完，晚上要倒垃圾但垃圾袋用完了……不管是什麼樣大大小小的煩惱，都可以一項一項列出來。

將那些條列的煩惱，那些字體，那些一橫一豎，最後全都揉在一起，成為一團黑霧。然後你想像自己就是風之神，隨著你的每一次吸氣吐氣，把那團黑霧通通都吹跑、吹散，將那些字一個一個吹走，或是吹散爆炸成金色粉末。

或者，如果你覺得吹散有困難，課堂上也有同學分享他的方法：他想像把這張充滿煩惱的紙揉成一個紙球，然後一口氣打擊出去！全

疊打！爽快！也有同學想像出一把熊熊烈火，把這張煩惱清單燒個乾淨！灰飛煙滅！爽快！

做完這個冥想會感覺非常舒爽，推薦給你們。

記得嗎？你想怎麼做都可以，你可以有各種幻想，或是隨意調整，只要你開心就好。

Leslie 的小提醒與練習

先準備好一大張空白的紙，但是在你的腦海裡準備。(笑)

一樣給大家三分鐘的練習時間，不過如果煩惱真的很多，慢慢寫也沒關係啦，畢竟這步驟是要把你的煩惱吹走。

當你感到阿雜時，用這個方法清理煩惱，十分過癮，很推薦。

請畫下或寫下你感受到的，給自己做個記錄。

讓我們一起翻往下頁，看著舒皮的療癒水彩畫，沉浸其中，一起練習吧！

以上這四種方法都很不錯，海浪和泡泡是比較常見的冥想方式，喜歡沉穩感的人可以試試石頭的冥想，當下情緒很毛躁的人，黑霧的冥想也許會帶給你驚喜。

當然，我非常建議你每個方法都試試看，或許你會發現自己特別喜歡其中一種，或許你會發現，在不同的狀況下使用不同的冥想方法也很棒。

值得特別一提的是，因為冥想過程會沉澱心靈，所以有時冥想過後可能會出現傷心、難過、喜樂、憤怒等情緒。這些情緒就像洗澡的時候擦出來的垢，好不容易才擦出來，千萬不要壓回去，將它沖掉吧！壓抑已久的情緒好不容易被挖出來，就讓它自然流動、代謝掉，你的心會更明亮乾淨。

冥想就是幫心洗澡，你可以自在地用任何讓你感覺舒爽清淨的方式。在不同的狀態下，喜歡的洗澡方式也不一樣，請盡情享受心的沐浴時光吧！

我的心情

一般狀態
海浪、泡泡

想找回沉穩
石頭

特別毛躁
黑霧

03
不擅長冥想怎麼辦？

前面提到過，冥想的功能是讓大腦具體地放大感官知覺，讓直覺肌（松果體）活躍、分泌激素。因此在冥想時，盡可能開啟你的五感想像，越投入，越開心，大腦也就越沉浸在冥想的過程中。簡單來說就是一種「沉浸式體驗」啦，這麼做可以讓所有練習的效果更好！

雖然冥想聽起來這麼 free，還是有許多人不知道怎麼開始才好。同學常常問我：「老師，初學者有沒有可以不用冥想的做法？」沒問題，我還有三個方法，跟冥想有類似的效果，非常簡單，不限地點時間，何時何地都可以進行。

這一章就來分享幾個不需要冥想，也能幫助進行溝通的方法。

六感靜心法

· 步驟一：眼

用你的眼睛搜尋你所在的空間，找出存在這個空間裡的十種顏色，

例如窗簾是黃色的、桌上的咖啡杯是紅色的、窗台植物是綠色的、沙發布套是咖啡色的等等。

・步驟二：耳

打開你的耳朵，傾聽周遭的動靜，找出你聽到的三種聲音，例如時鐘滴答的聲音、附近車流的聲音、除溼機運轉的聲音等等。

・步驟三：口

感受自己嘴巴裡的味道，例如有些人會覺得嘴裡微微有種說不出的苦味，或是剛剛喝下去的飲料的甜味，甚至吃飯時卡在牙縫中的菜味等等。

・步驟四：鼻

深呼吸幾次，然後試著分辨出空氣中的一種或兩種氣味，例如樓下鹽酥雞攤傳來的氣味、下雨時空氣中瀰漫著雨水的獨特腥味、隔壁同事的花果香水等等。

・步驟五：身

感受自己的身體，想像有一道藍色光圈像Ｘ光一樣將你全盤掃描一遍，從你的腳底一路往上掃到頭頂。

例如，你的足弓是不是有點痠軟感？小腿會不會腫脹？膝關節還好嗎？屁股如何？腰椎那邊的痠痛有改善嗎？如此把自己的身體從腳到頭都掃描一遍，就像是細緻地問候自己身體的每一個部位，覺察它的狀態，也覺察自己的狀態。

・步驟六：意

嘗試著感受自己當下的情緒，例如你現在是緊張的？放鬆的？有點不耐煩？還是有其他情緒呢？

感覺不是只有「好」或「不好」，在這兩者之間，還有千萬種深深淺淺的情緒轉折。有些人對於自己的情緒習慣性地忽略，除非是大悲大喜，否則經常覺得自己「沒感覺」。若你是這樣的人，可以嘗試著用問答的方式幫助自己釐清情緒。

「我現在感覺如何？」如果你很難回答，也可以試試問自己的大腦：「我現在的感覺，讓我聯想到什麼大自然的畫面？」

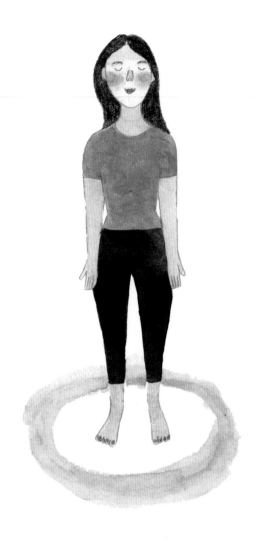

舉例來說，如果是沉悶，可能會聯想到雷陣雨欲來的午後，一種空氣凝滯的氛圍；如果是喜悅，可能會聯想到一片花團錦簇、爭妍鬥豔的美麗花園；如果是憤怒，可能會聯想到滾燙的岩漿爆發，火力四射，能量爆衝四溢。

接受所有大腦帶你連結的畫面，接受此時此刻所有大腦意象的連結，然後試著去敘述那個畫面，這也是了解自己情緒、將情緒意象化的一種做法。請仔細傾聽內心給你的答覆。

以上六個步驟的目的是開啟我們的感官認知功能，放大六識（眼、耳、口、鼻、身、意）的感知能力。或許你會覺得奇怪，為什麼做這六個步驟可以代替冥想呢？因為這是重新把注意力拉回當下、拉回此時此刻的一個過程與練習。

我們很習慣一心多用，等紅綠燈時心裡正在思考著工作的事、走路時回想昨天跟主管的對話、吃飯時一邊咀嚼一邊看手機……一心多用搶時間，以致於我們經常「看見」卻沒有「看進去」、「聽見」卻沒有「聽進去」。

所以，上面這六個步驟，就是在強化我們的感知能力，為六識暖機，才能更好地接收等一下溝通時迎面而來的直覺。

Leslie 的小提醒與練習

請按照「眼、耳、口、鼻、身、意」的順序來練習，這是從外到內的一個心靈沉澱過程。想想看，如果我一開始就問你：「現在感覺如何？」你一定會說：「沒診樣啊～」

那是因為我們還沒沉澱下來往心裡走。如果不用冥想的方式來靜心，那就先從最熟悉的感官開始，從眼睛（視覺）逐漸到耳朵（聽覺），循序漸進，慢慢地從熟悉到不熟悉、從毛躁到平靜、從外在到內在。

讓我們一起翻往下頁，看著舒皮的療癒水彩畫，沉浸其中，一起練習吧！

沉浸法

有些人擅長想像，有些人不擅長。對每個人來說，容易沉浸、沉澱的畫面不一樣，可能什麼石頭、泡泡，想像起來還是有點難度的。這樣吧，我們不如從顏色開始。

1. 你喜歡的顏色

試著想像你最喜歡的顏色。

假設是綠色，那問問自己，綠色會讓你想到什麼「大自然」的畫面。

請用前面提到的「沉浸式體驗」來想像這個畫面。

首先想像一大片森林，數千棵高聳參天的巨木，靜靜地立在鬆軟的泥土上。樹木很高很大，每個樹幹都要好幾個人手牽手才能環抱住。抬頭往上看，感受些許的陽光如金色細沙撒落，從樹葉的間隙中透出來。感受一下耳朵，感覺依稀可以聽到蟲鳴鳥叫，遠方還有一點溪水的潺潺水流聲。感受一下鼻子，好像可以聞到泥土的溼軟味道，還帶著一點青苔的清爽綠意氣息。

盡可能讓自己沉浸在這樣的畫面，直到非常放鬆、自在、喜悅，這個練習就完成了。

習慣了這個練習以後，可以時常變換不同顏色，一方面為大腦帶來新鮮感，一方面也能觀察自己在不同顏色的沉浸式氛圍下，會有什麼樣的反應。也許在不同的狀態下，適應的顏色想像不同，你也可以為自己設計不同情緒對應的大自然色彩沉浸畫面。

Leslie 的小提醒與練習

顏色可以做很多種聯想，因為我們希望營造自在放鬆的情境，所以請把聯想畫面的主題設定在「大自然」，例如藍色是海洋或天空、黃色是向日葵或稻田、粉紅色是滿天晚霞等等。請把顏色的聯想鎖定在大自然的場景。

讓我們一起翻往下頁，看著舒皮的療癒水彩畫，沉浸其中，一起練習吧！

2. 回到被愛、被認同的場景

這個真的是最偷吃步、最抄捷徑的做法了啊哈哈哈哈，所以我把它放在最後一個來介紹。

我們冥想主要是想讓自己有輕盈、放鬆、自在的感覺，讓松果體變得活躍，釋放直覺力。最快的做法，就是請你回想一個讓你非常非常開心，身邊所有人都在誇獎你、欣賞你，讓你感受到興奮、喜悅、被愛的場景。

這個場景不一定要是大場面，像什麼頒獎典禮之類的，也可以只是朋友圍繞著你，因為你的笑話笑得東倒西歪，或是誇讚你今天挑的火鍋店真好吃，你就是挑餐廳小天才！

盡可能利用沉浸式體驗，讓自己回到那樣的場景中。

以我自己為例，我立刻聯想到的，是上課時同學給我的回饋與掌聲，我試著想像讓自己回到現場，看著他們眼神發光、笑著看我，感謝我和他們分享經驗和技巧。他們因為我講的笑話笑得東倒西歪的模樣，那樣的喜悅，對我來說就是能讓我立刻擁有高頻能量的冥想任意門。

Leslie 的小提醒與練習

在做這個練習時，不管你想到的是大場面還是日常感動時刻都可以，最重要的就是「真實感」，不是看電視或漫畫這種因為他人創作而開心的事情，而是「真實與人連結互動」產生的愉悅幸福感。

盡可能想起在那個當下，大家欣賞你、愛你、讚美你的感覺，再一次感受那種獲得愛與認同的滿足感，那種感覺越美好、越真實，整體氛圍感就越高。

讓我們一起翻往下頁，看著舒皮的療癒水彩畫，沉浸其中，一起練習吧！

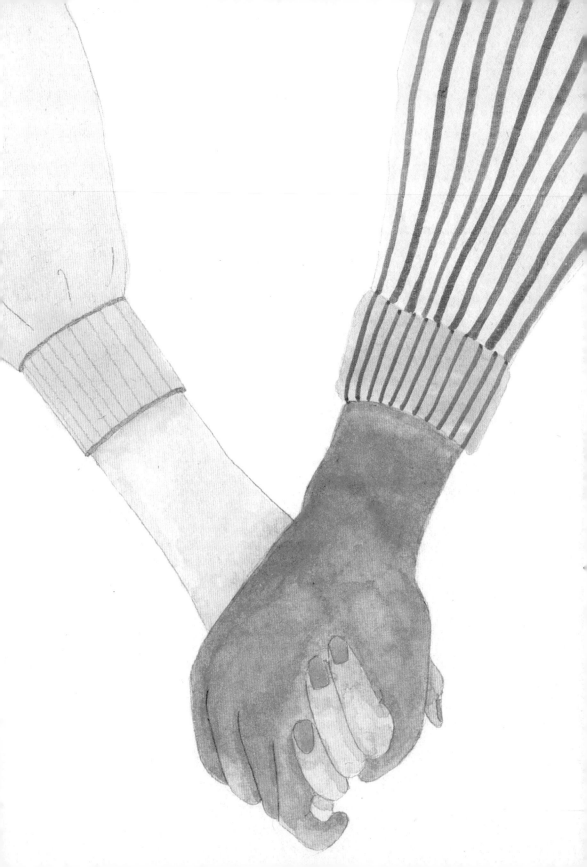

好囉，我們已經完成溝通準備的第一階段，到這裡可以先暫停休息一下。

前面提到的練習，你都有確實進行了嗎？這幾天練習下來有什麼感受呢？第一天的練習筆記，跟後面這幾天記錄的感受，有什麼不同嗎？

越是簡單的方法，越需要充分練習。在急著往下閱讀前，可以先停下來喘口氣。通常實體課程進行到這個階段，已經有很多同學感覺好餓，或者想回家大睡一場，因為這真的很～燒～腦！所以別急，靜下心來，整理好自己，再往下一階段前進。

對了，進入下一階段和毛小孩開始聊天之前，有幾項非常重要的原則想告訴你，希望你和我一起來好好閱讀一下。

動物溝通守則

我宣布,我將誓謹遵以下守則,做為一個善良且克盡責任的溝通者,
我會盡我最大的能力與善意,與動物溝通聊天。
這是我對動物的承諾,也是我對自己的承諾。

1. 對象如為寵物,只與經過家長同意的毛小孩聊天。

2. 對象如為動物,則帶著最大的善意和尊重與
   浪貓、浪狗、野生動物聊天。

3. 不介入任何醫療行為,一切以醫生的醫囑為優先。

4. 尊重、愛護、感謝所有我遇見的動物。

5. 對溝通時收到的訊息如實轉述,不添加個人色彩。

6. 對能力不驕傲不輕慢,不卑不亢。

7. 對自己說出的每句話負責。

8. 尊重動物與家長的關係,不過度介入干涉。

9. 了解這個世界有各種面向,接受包容所有的可能性。

10. 愛自己、尊重自己、珍惜自己,正如這個世界也這樣對我。

來跟毛小孩聊天

戴上分類帽，找出合適的
直覺溝通方法，一起來挑戰！

你現在應該覺得，好像學了許多東西，但具體來說該怎麼做，還是有點困惑，對吧？讓我們來整理一下前面章節的幾個重點：

- 直覺式的溝通不限地點時間，不一定要道具輔助或高等意識指導，有腦就能進行。

- 當你在練習或進行溝通時，請接受並擁抱所有靈光一現的直覺念頭。

- 從腦波和松果體來了解動物溝通，可獲知冥想能夠幫助腦波調頻，延緩松果體鈣化。

- 冥想就是「幫心洗澡」，怎麼做都可以，喜歡就好。

你已經跟著前面的練習，找到適合自己幫心洗澡的方式，讓大腦直覺活化了嗎？恭喜你，走到這裡就成功一半啦！

接下來就要開始我們的重頭戲──啟動動物溝通。

01
開始聊天前需要知道的事

直覺溝通的呈現方式

動物溝通的直覺呈現方式通常分成四種，但因為每個人的大腦都不一樣，每位溝通師擅長接收訊息的途徑也不一樣。

有些溝通師擅長畫面、有些擅長體感，以我自己為例，我就是個畫面很豐富，但體感很稀缺的溝通者。

希望各位抱著觀察且包容各種特性的想法來進行練習，先不判斷，也不要有「改進」的念頭，畢竟各位，你才練習第一二三次呢！現在就立刻下判斷自己是哪種溝通者，會不會也太快太武斷了呢？

請擁抱自己的各種可能性，你啾是最棒的！

1. 畫面型

就像做夢夢到樂透號碼，它就是一個不清晰但依稀可辨的畫面，而動

物溝通也很類似,直覺傳來的訊息是一個畫面,有時清晰有時模糊。溝通師會盡可能去描述他看到的畫面,例如家裡的樣子、喜歡散步的地方等等。

許多人在動物溝通的時候常常反應畫面很模糊,以下用我的手繪圖來示範:

假設今天你跟一隻貓貓聊天,他腦裡想的是一尾銀灰色的魚,而他給你的圖像有可能是模糊的魚的形狀,但閃著一些類似銀灰色的光。你跟家長溝通時,可能就會像我一樣畫出模糊的魚,然後說明大概是「灰灰的、尖尖的」這樣。

因為動物溝通是以圖找圖,在意念傳達的過程中容易有未盡完善之處,所以需要家長積極參與討論,去找出那些模糊的稜稜角角與現實的對應之處,到底家長心愛的小咪講的魚乾是哪個牌子的魚乾。

2. 念頭型

這個比較像大多數人都曾有過的直覺訊號，感覺「好像有人在看我」，然後回頭就會看到一個人投以愛慕的眼光（誤），這就是念頭型的直覺呈現方式。這種直覺無以名狀，只能意會，它就是一個突如其來的想法，沒來由的靈光一閃。

3. 言語型

「我真的很愛我麻麻欸」、「你叫他快點回家」、「我想要他多摸摸我、多陪我」，如果你常看動物溝通師的溝通記錄，這些童言童語對你來說一定不陌生。這樣的訊息會像話語一樣自然而然浮現在溝通師的腦海中，溝通師只需要直接轉達就好。很多感人的情節或是讓家長驚呼的故事，都是透過這種方式溝通傳達的。

4. 體感型

體感就是身體的感覺，包含觸覺、嗅覺甚至味覺等等。但在動物溝通的世界裡，還有一個很特別的部分，就是情緒和感受也包括在體感型的溝通中。有些溝通師常常會表達「我有種不耐煩、很毛躁的感覺」，或是「感覺背部刺刺的」，這些就是體感型的溝通，包含「身體的感覺」以及「情緒的感覺」兩種。

當毛小孩的情緒是開心的，溝通師本人可能也會有超開心的喜悅感，當毛小孩想表達曬到太陽暖暖的舒服感，溝通師的肌膚也會有那種伸展舒暢的陽光滿溢感。

根據我的課堂經驗，同學對於「體感」通常會有較多疑問。為什麼會有體感呢？這是因為在進行意念溝通時，身體也會有所感應，類似「超強、超真實的直覺力，也會讓身體有所感受」的意思。

這就是意念溝通的神奇之處。不過，想要在動物溝通時有多一些體感經歷，同樣需要多一些練習，熟能生巧，才能放開心胸迎接體感。

接下來我會介紹兩種體感練習，讓大家感受一下，透過直覺意念出現的「體感」是什麼樣子，之後在進入動物溝通的練習橋段時會更順利。

「檸檬」與「金光」的體感練習

大家一定都聽過「望梅止渴」的成語故事，大概就是曹操帶領著一群口渴的士兵，他欺騙士兵前方有一大片梅子樹，這群士兵們一想到等等就可以吃梅子了，開始大量分泌唾液，直接解決了口渴的問題。

這個故事告訴我們，當腦裡的意念足夠真實，心理就可以影響生理，讓你的身體產生「身歷其境」的反應。

就讓我們來練習體驗一下這種身歷其境的感覺吧。

溫馨小提醒：在開始做想像力的練習之前，先幫心洗澡，透過冥想讓心靈和情緒都沉澱一下，幫助大腦定頻，束緊注意力，效果會更好喔！

1. 想像你的手裡握著充滿香氣的水果

我在做這個練習時，一開始是選擇檸檬，因為檸檬的香氣和味道都很強烈，大小又剛剛好。後來我發現有些同學真的太怕酸啦，想到檸檬居然會直接想到牙齦被酸到，或是切到手等等。所以這邊稍微調整一下，你可以挑選你喜歡的水果，只要是香氣明顯就好，檸檬、蘋果、草莓、水蜜桃、橘子等，都很適合。

現在感受一下，你手中水果的溫度如何？是否感覺到手心涼涼的，還是溫溫的呢？

水果表面是否有些粗糙的顆粒？捏起來是硬的還是軟的？

有些柑橘類水果有精油，摸起來會油油的嗎？有粗大毛孔嗎？

形狀是圓形還是橢圓形？有聞到味道嗎？掂起來有重量嗎？

如果切開水果，你聞得到味道嗎？舔一下，口感如何？

練習時記得觀察你的五感，多感受一下，越具體越好。

Leslie 的小提醒與練習

這邊我們停下來，拿出計時器，給自己六分鐘來練習（包括開始練習前先幫心洗澡的時間）。不要忘記了：「質」比「量」重要。找出自己喜歡的環境跟時間長度，放輕鬆，營造自己喜歡的環境，可以多試幾次。

結束後，請試著把自己感受到的畫下來，或者用文字描述都可以。

讓我們一起翻往下頁，看著舒皮的療癒水彩畫，沉浸其中，一起練習吧！

2. 想像有一道光照在你身上

光有沒有溫度呢？有熱熱的感覺嗎？會不會有點刺眼呢？

光照射在肌膚上的感覺如何呢？全身籠罩在光芒中的感覺又是如何？

在做體感練習時，如果你覺得很難抓到感覺，可以試著調出你的記憶資料庫，試著回想一下，有沒有在風光明媚的豔陽天和家人、朋友、毛小孩一起出遊的回憶呢？試著讓自己再一次沉浸於那樣的情境中，體驗被明亮的光芒籠罩的感覺。

小碎步拓展舒適圈，先從熟悉的場景回憶起步，事情就會簡單很多。多給自己一些暗示，從實體聯想到抽象，練習的過程也會比較容易。

練習時記得多多觀察你的五感，包括內心情緒喔！

Leslie 的小提醒與練習

這邊我們停下來，拿出計時器，給自己六分鐘來練習（包括開始練習前先幫心洗澡的時間）。

光的質感、溫度，還有給心裡帶來的感受，都請細細深深地品嚐，可以多嘗試變換不同的畫面，感受不同差異。

結束後，請試著把自己感受到的畫下來，或者用文字描述都可以。

讓我們一起翻往下頁，看著舒皮的療癒水彩畫，沉浸在其中，一起練習吧！

溝通前的準備事項

在下一章，我會跟大家分享四種和毛小孩聊天的方式，是我歸納出來覺得不錯的方法，但不表示溝通只有這四種方法。腦內的意念傳遞是很 free 的，這些方法只是為了營造出適合意念傳遞的背景環境，而每個人適合的環境都不一樣。我也遇過同學課程結訓時跟我說，他後來都在腦中創造一個 LINE 聊天室，邀請毛小孩來聊天。

是不是很有趣？動物溝通是自由且無限制的，歡迎找出適合你與毛小孩的聊天之道。不過，在開始之前，需要先準備一些東西。

1. 毛小孩的照片

我一直都很喜歡使用實體照片來溝通，所以也會要求家長準備列印或沖洗好的照片。學生問我為什麼，一來是我喜歡面對面跟家長溝通討論，照片拿在手上，對我來說有種真實感；二來有時溝通完，我會跟家長討一張可愛的毛小孩照片來收藏，當作工作的溫暖留念。

當然，這是個人選擇，如果你是遠距溝通，可以選擇數位照片，不用特別沖洗。但我就是，很喜歡紙本的溫暖就是了。以下是我在動物溝通前給家長的「準備照片須知」，歡迎分享給練習的毛小孩家長。

- 照片張數：大概五到八張，可盡量多準備不同角度場和景的照片，越多越好。

- 拍攝時間：請從溝通日往前推兩週內。

- 照片條件：清晰、明亮、無模糊失焦，主角（毛小孩）雙眼直視鏡頭，若是兔子和鳥類等可以正面左右各拍一張。

- 照片尺寸：4×6 吋或更大張的照片。（曾經有家長拿 2 吋照片來請我溝通，我盯到眼睛都快脫窗了。）

Leslie的小叮嚀

準備照片時，我知道你們心中一定會有一些疑問。我先來回答你們，讓你們心甘情願開始準備照片吧！（笑）

・為什麼毛小孩需要直視鏡頭？

我的答案就是，可能也許大概，真的因為雙眼是靈魂之窗吧。（笑）不然我問你，你在做動物溝通練習時，你想跟低頭的毛小孩還是雙眼看鏡頭的毛小孩聊天？還是可以對到雙眼比較有真實感吧。

・為什麼需要兩週內的照片？

其實每位溝通師的需求不一樣，有些會說三個月，有些甚至半年。但我個人會希望把時間拉近一點，尤其一些重病的毛小孩，兩週內變化就很大了，更何況三個月？所以我想盡量看到最近的照片，感覺更貼近。

2. 找熟識的朋友的毛小孩練習

萬事起頭難，我知道剛開始你可能會有自問自答的迷糊感，而且如果對象是自己再熟悉不過的毛小孩，他翹個屁股，你就知道他是要烙賽還放屁。所以一開始，我會建議先找「值得信任且相信動物溝通」的朋友的毛小孩來練習。

初學者在剛開始時，也許會從毛小孩那邊接收到很多無法理解的訊息，在傳達的過程中，家長可能也是一頭霧水，所以家長的心態非常重要。如果能有持開放心態、相信動物溝通的家長陪你一同練習，大方給予鼓勵，一定能大大增加你的信心跟熟練感。

3. 準備最適合練習的兩個問題

在最初始階段，我傾向用「療癒空間」（請見下一章第 220 頁）的方式來進行練習。因為大家剛開始練習動物溝通，或多或少有點不知從何下手，但想像自己是在熟悉的房間或客廳和毛小孩聊天，大腦應該會感到輕鬆自信許多吧，我希望大家能在一開始就養成這樣自信、從容、愉悅的心態。

提問的部分，在初學者，我通常會希望大家聊聊以下兩個題目：

・最喜歡吃的東西？

食物的形狀、大小、顏色如何？是溼溼黏黏的，還是乾乾的？條狀還是塊狀？如果是乾乾，會是什麼形狀呢？請試著感受一下畫面。

如果是零食，是照顧者拿給他的嗎？是放在碗裡還是用手拿著？碗長得什麼樣子？

可以仿效之前體感練習的做法，試著感受這個東西的口感和氣味，為你們的溝通增加更多真實感。

・在家裡最喜歡待的地方？

最喜歡待在家裡的什麼地方呢？如果是睡窩，那是什麼顏色？材質是什麼？擺在哪裡？旁邊有什麼呢？有窗戶、床，還是沙發？

如果是沙發，顏色跟材質又是如何？沙發旁邊是什麼呢？有窗戶嗎？可以曬到陽光嗎？

盡可能延伸你的感受，深化畫面，為這個念頭增添更多細節，就可以提升真實感，直覺也會因此活躍靈敏起來，叮咚叮咚前來敲門。

02
打開溝通的聊天室

和毛小孩展開對話的四種方法

準備好正式來跟毛小孩聊天了嗎？記得：先用冥想幫心洗澡，然後從以下四種方式挑選一種，邀請毛小孩來展開對話。

以下幾種都是很棒的入門方法，金色種子和療癒空間是我最喜歡也最常用的，大樹扎根和長尾巴則是許多溝通師會使用，其他教學書籍也經常推薦的方法，每一種都可以試試看。

你可以每次都使用不同的方法，也可以互相搭配，比如在療癒空間中美少女戰士彩帶變身，當然也可以一邊長根一邊長尾巴。也許經過多次嘗試後，你會創造出更適合自己的新方法。請用自由地思考，找到適合自己的愉快方式，放心和毛小孩聊天吧！

1. 療癒空間

前頭我們一再提到，想要順利接收各種意念，最好讓自己處在平和、安靜，甚至有點喜悅的狀態。所以，在開始溝通前，請先想像出一個最讓你放鬆的療癒空間。注意喔，主詞是「你」，「你」最熟悉、最喜歡、最能讓「你」感到放鬆的空間，就是最好的療癒空間，例如你自己的房間，或是你家客廳，總而言之，以你的喜好為主。

對於有些人來說，一想到就要和動物溝通了，總感覺有點緊張，但要你想像熟悉的自家客廳或房間，應該很簡單吧？我們就先從簡單的開始操作，讓大腦輕盈自在地小碎步拓展舒適圈。

療癒空間因人而異，可能你覺得最放鬆的空間是一個看得到海的露台，可能是一個幽靜明媚的森林，當然也可能是你最熟悉的自家客廳或房間。那個空間只要能讓你安心、放鬆就好，沒有任何限制。

‧打開五感，創造沉浸式體驗

一開始想像這個空間時，請盡可能地深化畫面，意思是請你運用五感來搭建這個待會要跟動物溝通的舞台。

這個房間有窗戶嗎？窗外有風吹進來嗎？地板是什麼材質？踩起來感覺如何？有光嗎？光從哪裡來？整個空間的氣息如何？是你慣用

的室內香氛味道嗎？

運用五感想像，營造出你熟悉的療癒空間，然後就可以開始邀請要和你聊天的動物，邀請他進入這個空間。

・觀察毛小孩的神態

當對方進入這個空間後，即使還沒有開啟對話，你們的溝通也已經開始了。

請觀察毛小孩的步態和舉動，比如他踏入這個空間後，表現出的模樣是謹慎甚至有點害怕，還是開心陽光、十分好奇？步伐是沉重還是輕快？尾巴是高舉還是微夾？毛皮有沒有光澤？你可以透過這些觀察來初步了解動物的性格。

有時候，如果和你溝通的動物很有發表欲，即使你還沒開始提問，腦海裡也應該會開始接收到許多訊息。但如果動物進入你想像的空間後，表現得很謹慎，或只是意態悠閒地逛大街，沒有要主動和你說話的意思，你也可以先誇誇他，再禮貌地開始進行提問。

Leslie 的小提醒與練習

恭喜你來到這個階段（拍手鼓掌），我們已經開始進行初步的動物溝通了！不管第一次有沒有成功，都是很好的開始。請把你跟毛小孩聊天的畫面記錄下來，盡量用畫的。如果沒有畫面也沒關係，有時候真的只是因為遇到比較害羞的毛小孩。多給自己幾次練習機會，就像任何語言一樣，多講才會流利順暢。

讓我們一起翻往下頁，看著舒皮的療癒水彩畫，沉浸在其中，一起練習吧！

2. 被金色能量種子包圍

這是我最常用的，也是我最喜歡的一種聊天連結方式。

先給我一個很～～大～～很～～深～～的～～深～～呼～～吸～～，想像這個深呼吸像是從地底提取一個金色的小光球。

把這個小金球放進胸膛深處，接下來你的每一次吐氣，這個小金球都會發射金線把你層層包住，請想像自己被層層的金光包裹。

或是像美少女戰士變身時的彩色絲帶，或是像迪士尼卡通《仙履奇緣》中神仙教母要出現之前的銀光閃爍，越來越密集，慢慢將你包圍……無論是哪一種想像都可以，總之，那些能量的光點或金絲或彩帶，慢慢一層一層包裹，形成一個密閉的蛋殼空間。

想像自己在這顆充滿能量的蛋裡，充滿安全感，汲取著無限的力量。也可以想像毛孩和你一起在這顆蛋裡講悄悄話。

金蛋結束後，與毛小孩的溝通就正式開始了。你可以自由地與毛小孩對話，敞開心胸迎接各種可能出現的訊息。

用心感受一下此時內心浮現的話語或是躍出的畫面，可能細細閃爍、幽暗隱約，用心感受、捕捉，哪怕覺得「這應該是我的想像」這樣的念頭也無妨。先記錄下這些一閃即逝的有趣念頭，這些都是

毛小孩想傳遞給你的訊息喔。

偷偷分享一個小撇步,當我情緒很低落,或是跟人爭執感覺被遷怒時,我也會做金蛋想像,告訴自己:「這裡只有屬於我的情緒與能量。」做完之後,通常很快就可以打起精神,恢復平靜。

Leslie 的小提醒與練習

這是我最喜歡的溝通方式,你也喜歡嗎?有什麼樣的感覺?請寫下或畫下你的感受。在金蛋裡面的感覺是什麼呢?毛小孩如何進入金蛋一起聊天?這是你喜歡的聊天方式嗎?都請大方分享記錄下來。

讓我們一起翻往下頁,看著舒皮的療癒水彩畫,沉浸在其中,一起練習吧!

3. 大樹扎根

這是許多溝通師使用的方式，不少溝通教學書籍也會分享，算是比較典型的動物溝通法。

你可以想像自己是一棵大樹，根部逐漸向下生長，每一次吐氣，根都向下扎進土壤，汲取大地的力量。最後，你的根會延伸到毛小孩所在之地，那些盤根錯節的根系就像傳遞消息的網路，將你的意念傳遞給毛小孩，也將毛小孩的意念傳回來給你。

你可以想像長出來的根像電話線，而你和毛小孩正對著話筒講話，也可以想像那些根是網路線，你和毛小孩正在視訊。發揮你的想像力，就能做得很好。

這種做法可以藉著大地分享的力量，與自然和動物連結。具體的標準程序就是，順著吐氣，感受自己往大地扎根，感受全然的平穩安定，然後就可以在內心與毛小孩進行對話，敞開心胸接收各種形式的直覺訊息。

此時平靜的內心，也許隱隱約約跑出毛小孩的形象，先靜靜感受一下他的情緒。接著可以向他提一些簡單的問題，仔細品味此時你內心浮現的語言或是畫面，就算覺得有點不真實也無妨，都先大膽地記錄下來吧。

Leslie 的小提醒與練習

在課堂上，每個階段我都會停下來請同學分享感受；在書中，我也希望能用同樣的方式。我們只是透過文字互動，但你還是可以把你的感受分享出來，畫下你看到的畫面。在持續練習的過程中，每次的記錄都是非常珍貴的材料。

讓我們一起翻往下頁，看著舒皮的療癒水彩畫，沉浸其中，一起練習吧！

4. 長出尾巴連接毛小孩

這是許多溝通師在用的另一種做法，也是一個很好的大腦暗示。想像自己長出了尾巴，隨著每一次的呼吸，尾巴慢慢地越來越長，最後觸及到毛小孩的身體。尾巴連結的部位可以是毛小孩的頭，也可以是毛小孩的尾巴，或任何一個你認為適合的部位都可以。

當尾巴連結後，與毛小孩的溝通就正式開始了。你可以在內心與毛小孩對話，敞開心胸迎接各種可能出現的訊息。

「自己的尾巴與毛小孩的尾巴連結在一起」，這樣的畫面可以給大腦足夠的暗示，是一個很完整的連結畫面，所以很多溝通師喜歡用這個方法。

你可以感受毛小孩的訊息透過尾巴傳送過來，有沒有零食的畫面呢？或是可愛的童言童語逐漸在心中浮現？請大膽感受一下，將內心浮現的訊息記錄下來。

Leslie 的小提醒與練習

是否突然覺得自己進入了《阿凡達》的宇宙？與毛小孩相連聊天的感受是什麼？請寫下或畫下你的感受，如果成功連結上了，那是什麼感覺？如果沒有，又是什麼感覺呢？

讓我們一起翻往下頁，看著舒皮的療癒水彩畫，沉浸其中，一起練習吧！

給菜雞的一些小叮嚀

恭喜你已經開始溝通練習，到了這階段，不知道你有什麼想法呢？希望你在一次次的練習過程中越聊越開心。

在這裡，我有幾個小提醒：

1. 時常用正向語言鼓勵自己

剛開始溝通時，一直說不要緊張反而會更緊張吧！倒不如告訴自己，保持平常心、放輕鬆。記得嗎？平靜、安穩、喜悅的情緒，能讓直覺接收更敏銳！多跟自己說：「我們來開心聊天吧！」是很好的開場白，可以幫助你建立自信和平穩的情緒。

2. 請找信任動物溝通且願意積極討論的家長練習

剛開始學習動物溝通時，肯定躍躍欲試，這時候可以找對動物溝通持開放態度的親朋好友，請他們出借毛小孩給你練習，或是你上課的老師有課後社團，也可以找同學或學長姊的毛小孩練習。

對動物溝通有興趣，並且能給予正向回應的毛孩家長，會是比較好的練習對象，有良好的互動才會有更大的進步。

3. 跟毛小孩聊天需經過家長同意（浪浪不在此列）

畢竟動物溝通會探知到他人隱私，隨意亂跟毛小孩聊天，甚至主動去跟他的照顧者說溝通時獲得的資訊，是很冒犯的行為，對動物溝通沒感覺的家長可能會對這種舉動特別反感。

想想看，你坐在家中，突然有人傳訊息給你說：「你家貓咪說你最近太晚睡了。」你會有什麼感覺？又好比要去不熟的朋友家作客，我們一定會先和對方約好時間，總不會突襲拜訪吧？

所以，首先，確認對方對動物溝通有興趣而且是信賴你的人，接著就是得到同意和允許再開始和毛小孩練習聊天。請不要未經允許就隨意和別人家的動物溝通，尊重自己也尊重別人。就算你很會開鎖，也不表示你可以到處闖空門喔！

4. 聊天前請家長預告跟準備

許多毛小孩有點害羞，或者是防備心比較重，可以請家長在三天前先跟毛小孩說：「過幾天會有個哥哥（或姊姊）要來找你聊天喔，可以放心跟他聊。」諸如此類，總之就是用毛孩熟悉的方式讓他知道有人要來跟他聊天了，會是個很好的開始。

記得記得，還要請家長準備好毛小孩的照片和要提問的問題喔！這些都可以參考第 214 頁〈溝通前的準備事項〉。

5. 盡可能聊出與生活有所對照的細節

動物溝通可以很有趣很活潑，但誠如前面所說，所有的直覺都需要與現實有所對照，才能建立真實感。因此我常在剛進入溝通聊天室時，跟毛小孩自由放鬆地聊出許多生活細節，然後和家長討論，與他們的生活觀察有具體的實際對照，再開始家長提問的環節。

6. 溝通結束，做個有禮貌的溝通者

許多同學在溝通時，也許興奮（阿母！我通到了！太好了！），也許安靜（我怎麼什麼畫面都沒有？），也許困惑（剛剛這一切究竟是？），導致在聊天結束後就這樣跑走了。

鄉親啊，你喜歡聊 LINE 聊到最後被已讀不回結束話題嗎？你回答完問題，對方就跑了，你有什麼感受呢？當個有禮貌的溝通者，就像剛加 LINE 好友時會禮貌性地丟個貼圖，聊天結束時也會好好道別或是用貼圖說掰掰。每次結束後，好好地跟毛小孩說謝謝，誇誇他真的很棒，說你跟他聊天很開心。

然後你可以雙手覆蓋毛小孩的照片，跟自己說：「聊天已經結束了。」再把照片翻面，作為結束的儀式感。

或是在大腦內想像一個大大的飛機符號，告訴自己飛航模式已開啟，接著把毛小孩送離你家客廳並關上門、把金蛋的光芒慢慢收斂回到內心、把樹的根收回來、把尾巴收回來，任何只要是你喜歡的結束儀式都可以。

一場好的聊天需要禮貌的開始與結束，請記得好好打招呼喔！

7. 持續高頻率的練習

就像練習任何一種外國語言，英文、法文、日文，所有的語文老師都會鼓勵你多講多練習，才是進步的不二法門。

剛開始練習某個語言，講得磕磕碰碰是很正常的，文法亂用、單字亂拼、時態亂七八糟，但最重要的是，你在嘗試使用這個語言了呀！

我不知道怎麼樣做可以讓你突飛猛進、新語言講得呱呱叫，但是我知道，你不練習、不使用，一定學不會。若只是站在原地想「這樣講人家聽得懂嗎」，卻不講出口，你永遠也不可能知道對方聽不聽得懂。

學習動物溝通，想看見進步，最有效的方式就是持續密集的練習。為了提升大家動物溝通的流暢度，我的實體幼幼班會要求同學在六週內交出十六個練習個案（算戶數不算毛小孩數量）給我。在練習過程中，同學也會來信說明他們遇到的困難，我們一起討論出更適合、更好的做法。

到了結訓日，他們都很爭氣且努力完成了作業的要求。還曾經有同學帶了一百多個個案回來，在短短六週內欸！那等於每天進行兩到三個練習。你問我他的溝通流暢度如何？自然是行雲流水，輕鬆自在，非常自然。

想跟毛小孩聊天聊得好？多練習絕對是不二法門。

8. 用畫圖的方式幫助大腦運作

前面我已經不厭其煩地在練習筆記提醒大家，試著用畫圖的方式把感受畫下來。我常常在臉書或 IG 上分享課堂上同學畫的溝通練習，但有些人會很煩惱地來問我：「可是我很不會畫畫欸，怎麼辦？」

真是的，大家要不要這麼可愛，我們是在練習動物溝通，不是練習動物寫生呀！

請大家一定要練習將腦中接收到的訊息畫出來，因為人是視覺動

物，幼兒的早教教材經常使用圖像記憶卡，就是因為人類的腦部對於圖像的吸收速度和處理速度都比文字快很多。當我們把溝通到的細節畫出來，會更有利大腦以圖找圖。

舉例來說，和毛孩的照顧者討論生活細節對照時，我們經常會問「毛孩愛吃的東西」。如果只是用說的，或用文字描述出「圓圓的、溼溼軟軟的」，你經常會發現對方好像當機了，畢竟圓圓溼溼軟軟的食物那麼多，一時間想不起來是常有的事。但如果你把圖畫出來，即使只是簡單一個狗碗裡頭有很多圓圈圈，反而能幫助對方叫出大腦內的記憶，更快理解你說的可能是什麼。看文字解釋比較沒辦法想像？下一段我們就來看看同學們的分享。

動物溝通的魔幻時刻

當動物溝通師說到與家長觀察相符的具體細節時，現場氣氛會立刻高昂熱烈起來，家長很興奮，溝通師本人也會很驚喜，我稱之為「動物溝通的魔幻時刻」。

我們在動物溝通的當下，收到的任何直覺訊息，其實都是帶著不確定性的，畢竟我們不知道真實的答案，答案在家長那兒，只有家長知道毛小孩愛吃什麼、愛躺在哪個位置，或是有什麼特殊習慣。當我們傳達的訊息對應上的時候，那種瞬間燃炸、火花四起的現場氣氛，我覺得是對動物溝通師最重要、最暖心的魔幻時刻。

那些聽起來超荒唐的答案，例如家裡有兩個冰箱、兩張雙人床，或是貓咪喜歡去海邊、狗狗喜歡跟人一樣大的風箏、狗狗最好的朋友是雞（因為他是校犬學校有養雞），那些荒誕不經的動物溝通訊息，一旦經家長點頭確認，甚至給出真實的照片，看到腦中的直覺訊息與現實生活完美對應，對溝通師來說是最強的強心針。

我會建議課堂同學跟家長收集這些魔幻時刻的真實照片，列印出來貼在溝通記錄旁，將每一個細小但真實的魔幻時刻收藏好，提醒自己：我真的很棒呀！我曾經聊過那麼多真槍實彈的魔幻時刻呀！

我再補一張照片！！
昨天你有說米米有一個小被被
這個我也有點疑惑 因為米米沒
有特定的被子 （通常床那邊髒
了我都會直接換掉）

結果我舅舅今天跟我說 米米最
近喜歡抱一條在他房門口的毛
巾

我看到照片嚇一跳 😱跟你畫的
一樣

跟 @leslietalks2animals 說得一樣
不要漏掉任何一閃而過的念頭
有可能那就是答案！！！！
昨天溝通時跟家長討論不出毛巾
結果今天宇宙就把答案送來了！

白色淺色

看到家長回傳的照
片，整個驚呆

宇宙總會還你一個公道人

回覆leslietalks2animals......

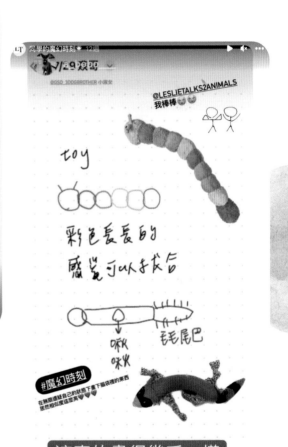

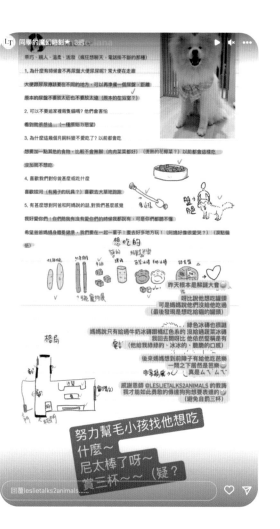

同學的魔幻時刻★過

原巧、親人、溫柔、活潑（瘋狂想聊天、電話掛不斷的那種）

1, 為什麼有時候會不再尿盆大便尿尿呢？常大便在走廊

大便跟尿尿應該要在不同的地方，可以再準備一個尿盆？距離
原本的尿盆不要放太近也不要放太遠（原本的在浴室？）

2, 可以不要追家裡兩隻貓咪嗎？他們會害怕

看到就很想追（一種原始の慾望）

3, 為什麼這幾個月飼料變不愛吃了？以前都會吃

想要加一點其他的食物，比較不會無聊（肉肉菜菜都好）（煮熟的花椰菜）以前都會這樣吃
沒加就不想吃

4, 喜歡我們對你做甚麼或吃什麼

喜歡拔河（有繩子的玩具？）喜歡去大草地跑跑

5, 有甚麼想對阿爸和阿媽說的話，對我們甚麼感覺

我好愛你們！你們開我有沒有愛你們的時候我都因為，可是你們都聽不懂

希望爸爸媽媽媽身體要健康，我們要一起一輩子！要去好多地方玩！（阿媽好像很愛哭？）（淚點偏低）

想吃的

昨天根本是解謎大會

呀比說他想吃罐頭
可是媽媽說他們沒給他吃過
（最後發現是想吃給媽的罐頭）

綠色冰磚也很謎
媽媽說只有給過牛奶冰磚跟橘色系的 沒給過蔬菜冰磚
我回去問呀比 他依然堅稱是有
（他給我綠綠的、冰冰的、脆脆的口感）

後來媽媽想到前陣子有給他吃芭樂
一問之下居然是芭樂
真是ㄙㄟㄙㄟㄙ

格局

感謝恩師 @LESLIETALKS2ANIMALS 的教誨
我才能如此勇敢的傳達狗狗想要表達的
（避免自罰三杯）

努力幫毛小孩找他想吃
什麼～
尼太棒了呀～
賞三杯～～（疑？

回覆 leslietalks2animals......

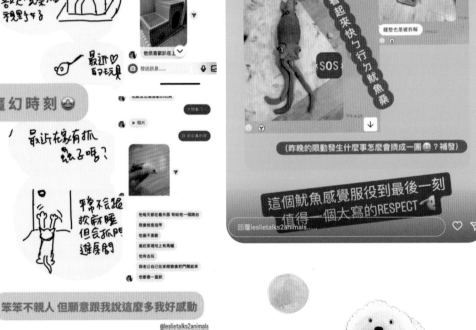

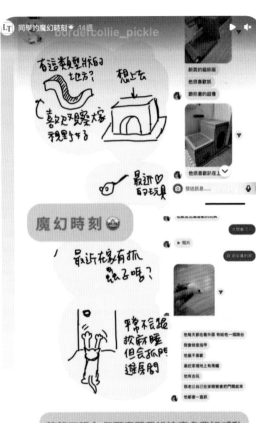

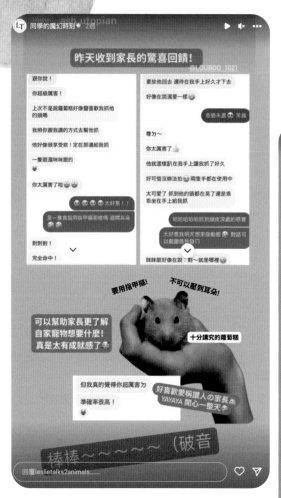

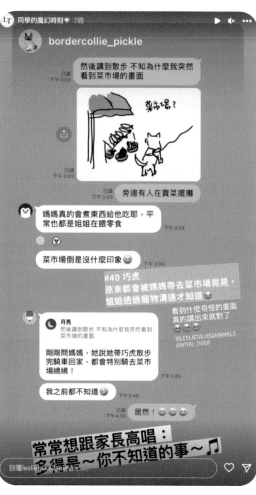

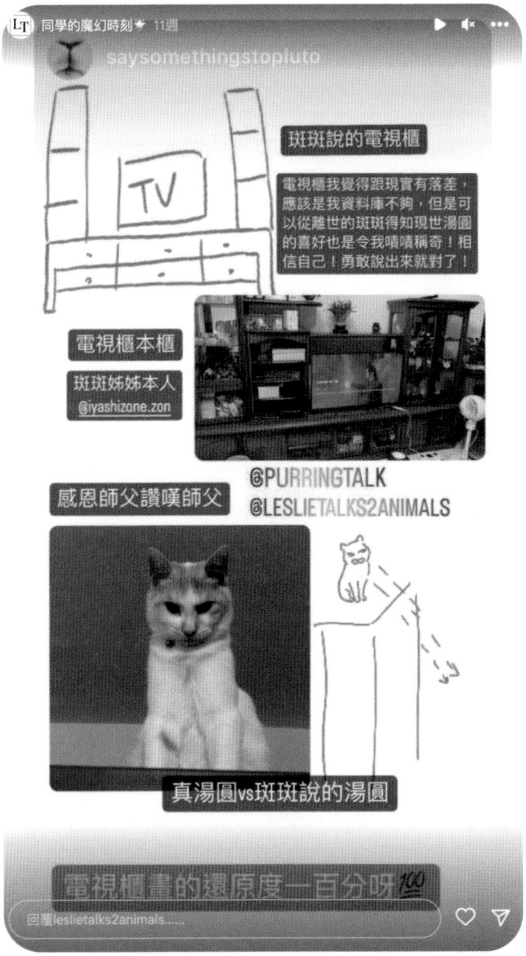
同學的魔幻時刻 11週
saysomethingstopluto
TV
斑斑說的電視櫃
電視櫃我覺得跟現實有落差，應該是我資料庫不夠，但是可以從離世的斑斑得知現世湯圓的喜好也是令我嘖嘖稱奇！相信自己！勇敢說出來就對了！
電視櫃本櫃
斑斑姊姊本人
@iyashizone.zon
@PURRINGTALK
@LESLIETALKS2ANIMALS
感恩師父讚嘆師父
真湯圓vs斑斑說的湯圓
電視櫃畫的還原度一百分呀
回覆leslietalks2animals......

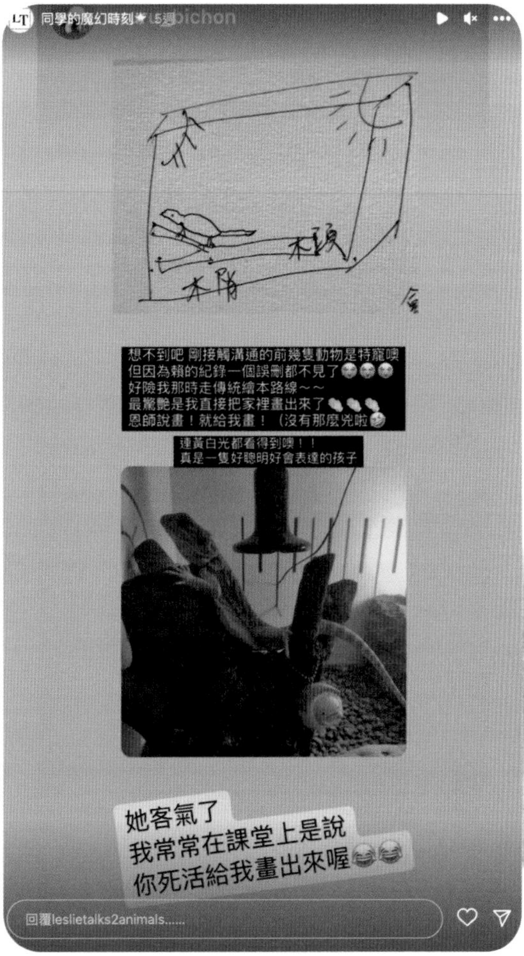
同學的魔幻時刻 5週
木頭
木階
想不到吧 剛接觸溝通的前幾隻動物是特寵噢
但因為賴的紀錄一個誤刪都不見了
好險我那時走傳統繪本路線～～
最驚艷是我直接把家裡畫出來了
恩師說畫！就給我畫！（沒有那麼兇啦
連黃白光都看得到噢！！
真是一隻好聰明好會表達的孩子
她客氣了
我常常在課堂上是說
你死活給我畫出來喔
回覆leslietalks2animals......

03
跟自己的寶貝聊天

建立聊天的真實感

相信許多人之所以想學動物溝通，就是想知道自家的毛小孩為什麼這麼混蛋可愛。這是很棒的動力，但有時卻比和別人的動物溝通來得困難，因為你跟自己的寶貝太熟了，在整個溝通的過程中，會很難分辨究竟是真的接收到了動物的意念，還是自己在腦補。

平常動物溝通還有其他家長跟你對話，做生活細節的對照討論，當自己家長兼溝通師、球員兼裁判時，一定會感到很混亂，不知如何是好。

雖然如此，還是有一些方法可以給你參考，細細品味在跟自家毛孩聊天時是否出現以下蛛絲馬跡，來幫助你建立聊天的真實感。

・忽然流動的情感
有許多同學在課堂上練習跟自己家毛小孩聊天時，都會忽然有一種

很強烈的情緒感觸，有時可以感受到一股非常非常溫暖的流動，有時是一種很強烈的愛意，這些常常讓他們突如其來暖心落淚，因為那樣的情感氛圍實在太強烈了。

因此，跟自己家毛小孩聊天時，可以用心體會那幽微的情緒感覺。當然，也有可能是不耐煩或嫌棄就是了。（笑）

記得嗎？情緒也是重要的體感之一喔！

・冒出從未有過的念頭

我印象最深刻的是，有個同學家中養了大咪小咪兩尊咪，他問大咪為什麼常常揍小咪時，他忽然聽到一句話：「我就想扁他啊！他真的很愛裝乖欸！」當下他愣住了，因為他每次想到小咪，內心都充滿了柔情，而且小咪在他心中是真正的乖寶寶呀，他從來沒有懷疑過也沒有想過小咪可能是裝乖！

所以，在溝通時腦袋中冒出自己從未有過的念頭，或是和平常認知差距極大的對話態度，也是確認跟自家毛小孩聊天的真實性的一種方式。

・平常我們看不到的陌生視角

我們每個人平常應該都是俯瞰家中所有的家具，但跟毛小孩聊天

時，他們可能會回傳他們的視角，所以有時會看到家中沙發角落、牆壁灰塵或是貓砂盆裡面到底有多髒。（誤）

· 找第三人討論

除了尋找以上三個線索，你也可以問其他家人一些問題，來建立真實感。例如問狗狗剛剛跟家人去哪裡散步？昨天家人給他吃什麼？對其他家人或親戚的感覺？問題可以五花八門，自由發揮，畢竟這是你跟自己家毛小孩的聊天呀！

· 等待時間，靜觀其變

有時候我們會和毛小孩聊些生活上的困擾，例如為何晚上喵喵叫，或是最近愛吃什麼零食。跟毛小孩聊過之後，也許你就照他的要求改變了一些生活細節，那接下來就靜觀其變囉！

傾聽寶貝心聲的特別練習

跟自己的寶貝聊天，最困擾的就是自己球員兼裁判。他所有的回答，對你來說都是理所當然，再熟悉不過了。所以如果他在聊天時能給出不同或超越你本來認知的答案，就能建立真實感。你會感覺到：「啊，這真的是他的回答啊！我真的是在跟他聊天啊！」

為了獲得這種認知的落差感，我們來試試看，請毛小孩聊聊他對不

同動物的評語和感覺。了解他對這些動物的審美與感受，就可以跟建立不一樣的聊天氛圍和真實感。

例如在課堂上，曾經有貓咪對家長說：「好喜歡獅子喔，好威風，好帥，好好看！」（此時感受到一種崇拜的情緒。）接下來話鋒一轉：「但你不要帶回家喔！」

也有貓咪說最喜歡馬來貘，家長感到非常新奇，問他為什麼。貓咪回答：「因為他跟我一樣是黑白的呀！」我在課堂上聽得太開心，還要求：「那你下次準備斑馬、貓熊、大麥町、企鵝的照片給他！」（這位太太冷靜一點。）

這是很有趣的練習體驗，感受一下毛小孩對其他動物的審美跟評論。他們對其他動物的想法，和身為人類的你絕對有天壤之別。

在做這個練習時，我傾向先找他們熟悉但和他們長得不太一樣（同科不同種）的動物，之後再插入一、兩個和他們長得完全不一樣的動物。

找圖片時可以盡情自由發揮，要找十二生肖也可以，原則上就是從他們熟悉的動物開始。但是注意不要找他們的天敵，以免引發隱藏在基因之中的恐懼，對他們造成驚嚇。

圖片都找好以後，和自家毛小孩開啟聊天室，然後看著這些照片問他：「你覺得這個動物看起來如何？」

有些東西對你來說已經有某種既定印象和感受，但是當你在和動物溝通的時候，毛小孩的感受可能會為你帶來驚喜。這個練習的目的就是要讓你體會這一點。

如果你是大膽王，你也可以問問看你家的貓對蟑螂的感覺，也許和你一看到就要嚇瘋崩潰的感覺完全不同，你可能會感受到躍躍欲試、血脈賁張、想要打獵的心情。在那個時刻、那個瞬間，你應該就能體會到動物溝通的真實感了。

P.S. 這個有趣的方法，是我的學生凱西分享給我的，因為我跟他聊到毛小孩的審美其實跟我們很不一樣，所以他回去跟他的狗狗們做了這些有趣的嘗試。

凱西是位優秀的溝通師跟狗狗正向訓練師，喜歡凱西的朋友們可以去找他玩！〔IG:cathee.dogtrainerandwhisperer〕

來一起和毛小孩聊天

Leslie 的小提醒與練習

養貓的同學，請去找獅子、豹、老虎、河馬、馬來貘的彩色圖片。

養狗的同學，請去找鬣狗、狐狸、狼、河馬、馬來貘的彩色圖片。

養鳥的同學，請去找孔雀、鴕鳥、鶴、蜂鳥、翼手龍的彩色圖片。

養兔子的同學，請去找松鼠、蜜袋鼯、海獺、臭鼬、土撥鼠的彩色圖片。

PART

5

增加信心的魔法百寶袋

（這不是求救錦囊）

> 歡迎光臨疑難雜症專區，你的
> 問題這裡（應該）都找得到！

動物溝通來到這邊，可能會有許多同學覺得，好像抓到了訣竅，但又有許多細節捉摸不清？對於初學者來說，我覺得就像剛進健身房，每個器材都可以試試看，但說真的要練到精確位置的肌肉，還是要靠多練習跟資深的教練引導。

就像我們去健身房重訓，教練一定先要我們練深蹲。如果你有遇到好的教練，你肯定會發現，同樣是深蹲跟甩壺鈴，只要經過教練指導調整一點點小角度，竟然就差這麼多。

直覺訓練也是一樣，一點微調就會有很大的不同。

這也是我的目的，希望這本書能為你打下良好基礎。唯有良好的基礎，我們才能探索更多。雖然條條大道通羅馬，但終究還是要能抵達「羅馬」這個地方不是嗎？所以穩定明確的方向跟扎實的基礎，是這本書持續強調且十分重要的觀念。

當然，開始練習後，你一定會遇到一些卡關的情形。我將常見的狀況題整理如下，幫助大家繼續順利闖關。

這不是急救錦囊，
而是讓大家增加信心的百寶袋。
記得，我們都是動物溝通小天才～

01
Leslie 幼幼班的熱門問題

在開始回答問題之前，我想先說明一件我覺得很重要的事。

就跟在學校念書一樣，有時候總是會遇到一些「妙麗」同學，不管學什麼都特別快，冥想練習或體感練習都能立刻抓到要領，才剛開始跟毛小孩練習聊天也是一下就出現畫面，哇，根本就是難得一見的練武奇才。

可是你知道嗎？能夠在一開始爬得又快又穩又好的人，都很擅於把自己的目標細小化。什麼意思？你可以參考下方我畫的圖。

如果一開始就將自己的目標設定跟隔壁的飛龍在天妙麗一樣，要畫出毛小孩家的三房兩廳，一定會有挫敗感，甚至因此感到壓力山大，失去了與毛小孩聊天的開心自在。

我們在跟朋友聊天的時候，其實不會去定義「這場聊天很成功」，或「這場聊天的細節跟我們的日常生活很對應」；我們通常會說「今天聊得很愉快」，或「剛剛聊天好像頻率對不太上，都在尬聊」。

所以我希望大家在練習跟毛小孩聊天時，可以把目標設定為「大家都聊得很開心」。你只需要將你的目標細小化，例如能收到畫面就好，或是只要能和生活經驗對照上兩次就好，這樣不僅可以輕鬆達到目標，而且聊得快樂又有成就感。

你不需要讓別人的速度影響自己，即便不是在課堂上，看著這本書練習時，發現自己和其他也買了這本書的朋友進度不一樣，那也是沒關係。練習的重點永遠都是自己。在健身房練深蹲時，如果你都忙著看別人蹲得如何，沒有好好觀察鏡子裡自己的動作，肯定蹲不好。請把專注力放在自己身上，是快是慢都沒關係，終點都是一樣的，成就都是自己的。

一起快樂地跟毛小孩聊天吧，這真的是快樂又紓壓的事情，希望你能和我一樣享受！

以下整理了幼幼班實體課程常見的熱門問題，給大家參考。

1. 動物會說謊嗎？

很多人問過這個問題，我覺得非常有趣。是不是因為這是人類的習慣，所以才覺得動物也會說謊呢？

其實動物是非常誠實的，他們誠實表達自己的感覺，誠實聽從自己的心。或許是因為人類的世界太複雜，久而久之，反倒變成我們無法理解這樣的誠實。

比如說，當一隻狗跟你說：「我好～～～久沒吃到肉乾了。」在人類的世界裡，當我們把「久」和「食物」連結在一起時，會有既定的概念，比如三個月以上或半年以上沒吃到才叫久。但對那隻狗來說，可能他整天專心一志就是在等肉乾，他的心情就像你在等捷運一樣，捷運的班次若是超過三分鐘，你是不是就會覺得等很久？

又比如說，當一隻貓見到某個親戚出現就會躲起來，可是你問他怕不怕這個人，他卻跟你說他對這人沒印象。你一定心想：「怎麼可能？」也許這位親戚習慣把鑰匙掛在腰間，貓害怕的是叮噹響的聲音，對這個親戚反倒真的沒什麼印象。貓並沒有說謊，是你想得太理所當然。

畢竟動物在乎的、看見的，以及理解事情的角度，都和我們不同。
若溝通時得到的答案讓你不解，請不要立刻認為動物說謊，也不必
自我懷疑，而是要更加放開心胸，拋開既有的成見，努力找到共識。

2. 家長常無法理解毛小孩的話？

剛開始練習時，很容易發生一些溝通上的誤會。你會用「理所當然」
的方式去回覆家長。舉例來說，假設你跟狗狗聊天，在你接收到的
畫面中，他的狗碗裡有一些白白的細絲覆蓋在飼料上，於是你跟他
的家長說：「狗狗說很喜歡飼料上灑一條條的雞肉絲。」但對方卻
回答：「我從來沒有給他吃過雞肉絲，因為他對雞肉過敏！」

這時你是不是覺得大受打擊？

先不要急著否定自己，讓我們退回你接收到的畫面，仔細想想，你
到底看到了什麼？你看到的，是白白的細條狀東西，覆蓋在咖啡色
圓圓一顆一顆的東西上。你只是看到，又沒有吃到，怎麼知道是雞
肉絲？說不定人家是隻養生狗，吃的是薑絲？又或著可能是淺色的
豬肉絲或鯛魚肉？

類似的情形還有很多，比如看到木頭材質，就下意識認為是桌椅，
看到毛茸茸的畫面，就直接定義為毯子，但其實很可能都不是。動

物溝通最重要的一件事，就是專注於「當下」。當下看到什麼，就說什麼。比如感覺毛茸茸的灰色東西，或是小小扁扁、大約貓掌一半大小的圓形顆粒，那就原封不動地描述出來。

請盡可能平鋪直述地表達你接收到的資訊，有一說一，有什麼說什麼，這樣通常家長會更好理解。有時候，增加敘述或是給予定義，反而是讓場面混亂的原因。

3. 和毛小孩聊天時我總是沒自信怎麼辦？

有時候同學們在社團討論時（實體課結束後，大家都會加入課後社團「Leslie 同樂會」互相交流心得或跟我聊天），常見的一個問題是，在教室時跟同學溝通都很流暢，怎麼自己在準備第四堂課的十六份練習作業時，常會發生家長好像不理解毛小孩的話？明明大家在教室練習時，生活細節的對照狀況都很好、很符合，每個人都信心滿滿覺得自己是溝通界小天才，但回家自己練習時卻又出現了雞同鴨講。在課堂上的百分百直覺去哪兒了？為什麼家長無法理解我所感覺到的呢？是我感覺失靈，還是怎麼了？

通常我會開玩笑說，那是因為我在教室裡畫了魔法陣啊！（並不是）

冷靜下來想想，你會發現其實直覺狀況都是一樣的，只是「溝通」的狀況不同了。

以下這張圖可以表達一個最常見的狀況。

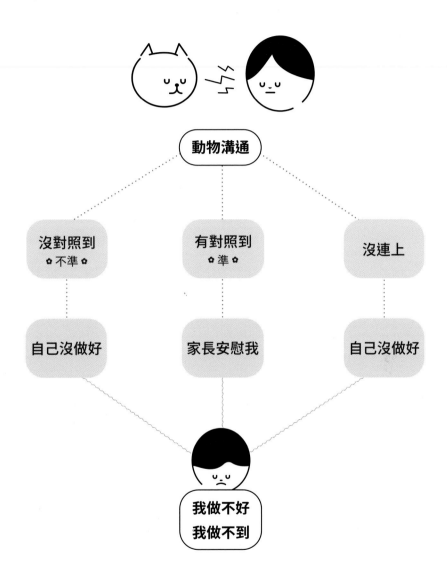

大家有沒有發現，我在圖表上的「準」跟「不準」旁邊畫了一個小花符號。平日我在課堂上，非常不鼓勵大家用「準」或「不準」來下判斷，我希望大家不要這樣輕易地二分法，因為在溝通的過程中，有很多細微的地方要去感受、練習。當對方的回應不是你想要的，就直接去判斷這是個無效的溝通，我覺得是很不好的。

一直往「我不好」、「我做不到」去思考，你很難好好進步。

前面我們說過，直覺必須在放鬆狀態才能得到最好的發揮，而沒有自信或自我懷疑是一種很緊繃的情緒，對直覺是很大的干擾。

對於比較沒自信的初學者，最好的做法就是每一次的練習都給大腦建立正向回饋。只要每次練習都讓大腦覺得開心又幸福，自然會越做越好、越安心、越想放膽嘗試。

至於該怎麼幫大腦建立正向回饋呢？

我在課堂上會推薦同學們做一本「魔幻時刻記錄本」，仔仔細細、大大方方地，把每一次有對照到的溝通片刻記錄下來，同時請家長提供有對照到的生活細節照片（貓窩、狗餅乾、常去的公園等）。

這些微小珍貴的動物溝通魔幻時刻，就是你的強心針，能夠讓你對下一次的溝通更有信心，玩得更愉快，直覺自然也會表現得更好，

呈現一個欣欣向榮的正循環。

課堂上的同學結訓後，回來跟我分享溝通的心得時，也會附上各式各樣的魔幻時刻記錄，每一頁都閃閃發光。歡迎你們也去看看，分享他們的閃亮心情！

魔幻時刻記錄本

4. 收到的訊息很亂怎麼辦？

許多同學很困惑，自己看到（收到的）的畫面五花八門，到底哪個才是毛小孩想表達的？這邊分享幾個小故事，看完你就會知道，其實這些都是「真實的答案」。

・課堂故事A：哪來的灰沙發？

曾經發生過，有同學 A 在幫同學 B 溝通時，看到的是灰色沙發，但他前面聽到同學 C 之前幫同學 B 溝通時，一直講的是白色沙發，而且對方也一直說：「對啊，我家是白色沙發。」所以同學 A 就不敢多問，心想一定是自己搞錯了。

但反正這就是課堂練習，而且每次溝通完都有一個報告時間，鼓勵大家感受到什麼就說什麼，於是那次同學 A 就勇敢說出來了。結果

同學B聽到後就說：「對啊，我家也有灰沙發。」結果是他家有兩款沙發，白色灰色都有，如果不說出來，你怎麼會知道呢？

‧課堂故事B：頭尾不一樣的逗貓棒

貓咪給A同學看逗貓棒的頭，給B同學看逗貓棒的尾巴。看到頭的A自然覺得毛毛的很明確是逗貓棒啊，結果B看到尾巴完全一頭霧水，懷疑自己到底接收到什麼了？啊哈，那是逗貓棒的尾巴啊！

‧課堂故事C：各式各樣的房間

有一次，某同學和一隻小型狗聊天，中間一直閃過很多不一樣的房間，畫面很不清楚，當下他一直覺得自己聊失敗了，很沒自信地對同學說：「不好意思，我不知道為什麼一直連不到，畫面一直跳。」我們鼓勵他把腦海的畫面畫出來更清楚，結果才發現那根本是一隻苦兒流浪犬，是現任伴侶跟前任養的狗兒，之前換了好幾個地方，現在才終於在新家塵埃落定。但他也沒有不喜歡以前那些家，所以接收到的畫面才會這麼多但又有點模糊。

・課堂故事D：難道你家三百坪？

之前我曾經遇過一個案例，我也是看到各種切換畫面，各式各樣的家與室內設計風格，傳統三房兩廳、時髦兩房一廳、溫馨小套房都有，簡直像在○○房屋線上看房看了一輪！（笑）

當時詢問之後才知道，這位家長是空姐，他每次出去飛的時候，他的毛孩就四處去朋友家寄住，畫面中閃出來的是他特別喜歡的幾個家，想不到吧！

我們前面已經花了四個章節在不斷提醒大家，每個閃過的畫面其實都有意義，但很多時候因為自信的關係，我們會覺得自己多想，覺得自己看到的是錯的，覺得這不可能啊！但你有沒有想過，既然這些都不是你日常去過的地方或看過的東西，那就是你直覺接收到毛小孩想要給你看的畫面、聲音、味道、感受呀！

5. 我現在不用冥想就能順利聊天了，這樣可以嗎？

動物溝通在初學階段，很需要利用冥想來幫助自己束緊注意力、調整腦波、活絡松果體。頻繁操作一段時間後，敏感的人可能已經感

受到大腦的變化，跟所謂在動物溝通時「腦波調頻切換」的巧勁與感受，就像踩腳踏車，上手以後輔助輪想拆就拆，完全沒問題。

當然，很喜歡冥想的漸進啟動儀式感，每次都還是利用冥想來幫你進入毛小孩的聊天世界，也很好喔！記得嗎？條條大道通羅馬，只要你喜歡，只要能讓你感覺自在，怎麼做都可以！

6. 動物溝通做不到的事？

動物溝通乍聽之下很神奇，但其實動物溝通就像是你加了某動物的LINE，找到了溝通的管道而已。

想想看，如果你加 LINE 的對象是個人類，那麼……

你加了對方的 ID，就一定成功加好友了嗎？

你加了喜歡的女生的 LINE，約他吃飯，他就一定會來嗎？

你加了男朋友的 LINE，就能叫他不要跟前女友聯絡嗎？

你加了同事的 LINE，分工合作就一定會順利嗎？

人客啊，當然不是啊！那為什麼有些人會認為，只要學會動物溝通，就能解決和動物一起生活遇到的各種問題呢？

‧動物溝通無法改變動物的生理本能

我們都想更了解自己的寶貝，不過必須承認的是，動物溝通常常被許多家長視為「走投無路」的最後一步。比如說，已經換過數十種不同牌子的乾乾，孩子還是不吃飯，怎麼辦？（去看醫生啦拜託。）

已經連路邊的三角錐都偷回家了，颱風天時毛孩還是堅持要出門尿尿，又怎麼辦？

於是無助的爸媽們只能冀望溝通師跟毛孩好好講道理。

這種時候，如果你是隻動物溝通界的小菜雞，還剛好是個善良的小菜雞，秉持著慈悲為懷的心，你可能會想，就好好跟對方的寶貝傳達爸媽的期望吧。但是不論你多努力溝通，下場通常都是事倍功半，白費了唇舌，雞同鴨講。

你必須了解自己的定位，「動物溝通」能夠做的只是傳達訊息，換句話說，你是家長和毛小孩之間的溝通橋樑，你無法改變動物的生理本能，也不用嘗試。

‧動物溝通不能介入醫療

另一件絕對不能介入的事，就是醫療。

許多家長會寄望毛小孩負擔起為自己身體做決定的責任，常常會請溝通師問動物「你要開刀／吃藥／化療賭一把」嗎？

我希望所有在動物溝通這條路上的溝通者們，遇到這類的問題都可以繞道，請家長：蒐集全面的醫療資訊，充分與醫生討論，參考專業的醫療建議，再為毛小孩做出最好的判斷。

這種時候，動物溝通師不需要也不應該介入。

我們從來不會問兩歲小孩對於醫療或是病情該怎麼處置或選擇，當然我們也不會請毛小孩自己決定。

尤其時常有家長愛問：「他為何最近不吃飯？為什麼精神不好，**鬱鬱寡歡**？」

遇到這種問題，我希望動物溝通師都能直接繞道，一律請家長帶去看醫生，沒有二話。因為毛小孩食慾跟精神與往常不同，就是最大的警訊，請直接帶去看醫生。

哪怕家長說已經看過了，醫生說沒問題，我也會請家長帶去看第三個、第四個醫生，直到找出問題，以免耽誤就醫時機。

有時候看了幾個醫生還是沒找到問題，有可能是病程還沒發展到明顯可推測出原因，或是毛小孩的病比較棘手，需要做特殊的檢查才能看出來。跟人一樣，這些很講「醫緣」的事情，只有靠家長帶著毛小孩繼續敲不同醫生的門，才會找到答案。

我是一個把毛小孩的福利安全放在最前面考量的溝通者，所以遇到醫療的問題一率繞道，是我非常堅持的原則，也請大家務必遵循。

7. 動物溝通可以做到哪些事？

前面聊了那麼多動物溝通的力有未逮，接著我們來說說動物溝通可以做到的事吧！

· 了解動物的心聲

動物溝通最好的情況，就是了解動物的想法，例如晚上為什麼鬼叫或一直對著牆壁叫，有時候毛小孩給的答案出人意料。

舉例來說，我的貓咪哇哩，他兩歲的時候曾經有段瘋狂亂尿的時期，沙發、床鋪，無一倖免。慘案發生時，我第一時間就把他打包帶去看醫生，果然不負眾望（？），醫生跟我說他有尿道炎，所以我們開始了一段治療之旅。

之後哇哩順利康復，但問題是，他還是亂尿，天啊。這時候我問哇哩：「你為什麼不去貓砂尿尿？」哇哩說：「我就討厭貓砂，我不喜歡貓砂！在上面尿尿好痛！」

我聽完以後，在心裡推想，可能是有些奇怪的主觀體驗。尿道炎應該滿痛的，可能他覺得是貓砂讓他尿尿會痛？

各位鄉親，你我都知道，讓哇哩尿尿痛的不是貓砂，而是細菌在尿道作亂。但跟貓咪根本無法解釋這個，而且這是他的主觀體驗，主

觀體驗是無法改變的事情。所以我轉而問哇哩：「你喜歡在什麼樣的地方尿尿呢？」

哇哩說：「我就喜歡沙發啊！」雖然收到訊息的當下我很想捏碎玻璃杯，但我冷靜下來歸納了哇哩喜歡亂尿尿的地點（床、沙發）有什麼共通點：很大、很寬敞、上面空空的、會吸尿、乾乾的地方。

於是我來到下一個環節。

· 與照顧者溝通，改善環境，調整照顧行為

知道哇哩喜歡在露天、空氣流通且吸收迅速不回滲的地方尿尿後，我準備了一個狗狗專用的尿布盤在哇哩的貓砂盆旁邊，並跟哇哩溝通：「你只要在這裡尿尿，就有餡餅喔。」

這個狗狗尿布盤完全符合哇哩對廁所的需求，而且尿了還有夢幻小餡餅吃，簡直完美。哇哩很快就愛上在這個尿布盤尿尿，延續了這麼多年，至今他還是每天使用，甚至連大號都在尿布上。（大家可以去我的 IG 限動精選看。）

哇哩尿布墊

我覺得動物溝通最美妙的地方就在這兒了。你了解動物的心聲，你調整了作息的細節，於是他有了美好的改變。你解決了你們倆卡關的地方，生活變得更美好。

以前曾經有一隻正在接受長照的狐狸狗，家長問我，現在的日常照顧有什麼需要調整的地方嗎？忽然，我接收到一個「枕頭」的念頭。

毫無來由，但我也只能這樣分享給家長。（See ～接受並擁抱所有的直覺念頭。）

家長回去以後，用小毛巾做成一個小枕頭，墊著給狗狗睡覺。隔幾天對方回信給我，說以前狗狗半夜都會走來走去，感覺睡得很不好，放了枕頭以後，竟然這幾天晚上都睡過夜，後來他們想起來，狗狗脊椎有些狀況，可能是因為這樣讓狗狗睡得更舒適了。

這就是我認為動物溝通最無可取代的地方，為毛小孩傳遞出那些細小而重要的願望，調整生活細節，讓生活品質更好。

傳遞訊息時有同理心

我相信，在學習動物溝通的過程中，一定會想與親朋好友的毛小孩練習。我在這邊要強調一件事情：你說的話在家長心中是非常有分量的。

這種感覺其實有點像算命或塔羅牌，試著回想你算塔羅的經驗，不管塔羅師講的事情多微小，其實你都會放在心上，對吧？

我聽過非常多不專業的溝通師，傳達了一些讓家長很傷心或驚恐的語句，例如「就是因為你思考負面，你的貓才生病」、「你的狗就是因為不想生活有改變，才會衝到外面」、「你也該幫你的貓準備後事了吧」。

講這些話，有些是因為不專業，有些則是為了後續導購，引導到後面的購物流程，可能是要賣些相對應的儀式或物品。有些家長因為驚慌或擔心，也就跟著買單。

在我執業十年間，聽過家長疑惑、傷心、驚恐、憤怒的案例不勝枚舉，我要是全部寫出來這本書又要爆掉了。懇請大家說話之前多思考一下，慎選語句，多點溫柔和同理心。還有，如果你想精進說話的藝術，我推薦兩本書：《銀座媽媽桑說話術》和《蔡康永的說話之道》。

希望大家在練習動物溝通時，盡量傳遞正向的話語，溫柔說話，帶著同理心去傳達每一件事情。希望每一次的溝通，你都能帶給家長溫暖、療癒、充滿愛和喜悅體驗。

02
常見提問合集

在動物溝通的路上，我們會遇見百百種問題，不過不必太擔心，我可以先幫你解答常見的那幾題，給你參考。

1. 可以跟毛小孩談判嗎？

每個行為背後都有其動機跟原因，例如前文提到的哇哩亂尿尿事件，如果沒有找出他內心想要的廁所環境，或是改變他心中「貓砂會讓他尿尿痛」的主觀連結，就算談判（例如：去貓砂上廁所給你餡餅吃）可達到一時之效，恐怕也無法長久，很快就會故態復萌。

所以溝通時還是建議找出毛小孩行為背後的原因，進而請家長一起調整環境，滿足毛小孩的需求。

2. 聊過天的毛小孩還是不停嘰嘰喳喳怎麼辦？

這種情況就像是 LINE 已加好友的帳號，聊完天都說了掰掰，還是不

斷丟訊息過來，讓你的 LINE 瞬間 99+ 未讀。通常這時候你會怎麼做？

你可以選擇強制關閉 app，或是開飛航模式。不管你選哪一種，在動物溝通的世界裡，都是再做一次金蛋冥想，並且跟自己強調：這裡只有屬於我的情緒與想法，不屬於我的與我無關。

或者可以在大腦裡想像一個大大的飛機符號，跟自己說：「我現在開飛航了，我現在是飛航模式。」你可以用各種有創意的方式操控大腦，只要那是你喜歡且能理解的方式。還要記得一個絕對信念——我控制我的大腦。

通常這樣做，大腦的 LINE 就不會再響囉。

3. 跟不開心的毛小孩聊完，情緒很低落怎麼辦？

有些毛小孩可能長期被關籠，或是剛被棄養，或是因為家中有新生兒而受冷落，或是在多貓家庭中處於較弱勢的地位，跟他們聊過後，常常自己的內心也會連帶有點低落、悶悶的感覺。

這就好比跟被甩的朋友聊了很長一段時間後，內心有點沉重的感覺。通常這時候你會怎麼做呢？

你可以找那個說話總是很北爛的朋友大聊特聊，被他熱鬧、歡樂的情緒能量感染，或者去看一場可以讓你全心投入的電影或韓劇，或者泡一個很舒服的澡，好好鬆弛精神跟肌肉。做完這些事後，再睡一個好覺，大腦重新 reset，把低落情緒代謝掉就可以啦。

在心理方面，你可以再做一次金蛋冥想，或是前面提到的大腦飛航模式，都能很好地隔離不屬於自己的情緒。

Leslie 的小提醒與練習

如果你很頻繁地遇到這樣的狀況，而且發現自己的情緒很容易被影響，那我覺得你可能是最近比較累，所以容易跟同樣低頻的情緒產生共振。我會建議好好休息一陣子，吃健康好吃的食物、多喝水、早睡早起、多走路散步，將身心逐漸調整到較為明亮的狀態。

4. 發現毛小孩遭受不好的對待怎麼辦？

如果覺得家長在照顧毛小孩的時候，有更多可以改善、做得更好的地方，你可以準備一些相關書籍、podcast、行為訓練師的粉專、獸醫師的粉專，或是相關的衛教知識網頁連結給家長。

我個人比較不會親自和家長分享這些觀念，一來我不是這方面的專業，二來這種分享交流要是一個不小心沒弄好，對方可能會有「被教訓」的感覺，爭論感只要稍微一起來，心房上鎖，耳朵一關，什麼都不願意聽，反而壞事，壞了最初想幫助毛小孩的美意。

有些人在照顧毛小孩時，不是不用心，而是可能不像你有時間和管道獲得這些資源。有時候你只要多分享一本書、一個觀點或一個YouTube 影片，就有可能改變一隻貓或狗的一生。

因此，我都會鼓勵我的學生，若是遇到沒有被好好照顧的毛小孩，多多分享照顧毛小孩的資訊和資源給家長，期許能讓毛小孩獲得更好的照顧和環境。

5. 家長想問在前伴侶那邊的貓或狗怎麼辦？

因為只能和經過家長同意的毛小孩聊天，所以既然毛小孩已經在前伴侶那邊生活了，我就會選擇直接繞道，不安排溝通。

一般來說，我不會支持和「沒有一起生活且沒經過家長同意的毛小孩」聊天，因為這可能會有曝露隱私的問題。要是這位家長是想透過動物溝通打探對方有沒有新對象呢？或是有沒有搬家呢？

人性有很多較為晦澀的面相，站在維持隱私跟道德的角度，我堅持只能和經過家長同意的毛小孩聊天。

6. 一直有不相信的人想挑釁怎麼辦？

啊哈哈哈哈，那就算了啊！通常我是會直接拒絕啦，但如果你比較不擅長拒絕，你也可以分享一些跟動物溝通有關的書籍、podcast 或 YouTube 影片給對方，跟他說如果有興趣，這些都是很好的認識管道。如果對方還是吵著不相信，要你證明給他看，那可能就是，嗯，請對方尊重一下別人相信且喜歡的東西。成年人的禮貌，就是不要擅自出口批評他人的喜好跟信仰。

我常會跟我的學生說，雖然毫無相提並論的意思，但菩薩跟耶穌也

有很多人不信啊。別人不相信動物溝通，也是很正常的事，可能他聽過一些很荒唐的溝通事蹟，或是親身經歷過一些不好的溝通經驗。道不同不相為謀，大家都把注意力放在自己喜歡的事物就好，我們把注意力放在那些可愛又相信動物溝通的家長就好。

7. 毛小孩有色盲色弱，會影響溝通嗎？

這是非常多人會詢問的一題，堪稱熱門十大榜首。

大家可以把這件事想成原始碼跟接收器、顯示器的不同。舉例來說，貓貓狗狗的嗅覺跟聽覺實在太強，狠甩我們十萬八千里，所以溝通的時候，他們的「大腦意識中關於嗅覺與聽覺的原始碼」傳送到我們這裏，反而無法顯示出來，就像古早的 Nokia 手機打不開 iOS 系統的東西。

但是說到視覺，變我們是 iOS 了。人類的眼睛多麼精密靈敏，這時候可能變成我們傳過去給毛小孩的視覺訊息，他們難以辨認。但他們傳給我們的原始碼，有如 Nokia 傳到 iOS，我們反倒可以辨認跟理解了。

簡單來說，我覺得動物溝通是意識溝通，而意識溝通交換的是訊息的原始碼，所以色彩大致上都還可以理解。至於為什麼有時候跟家

長的理解還是有差異，我覺得一來也許你們講的不是同一件事情，雞同鴨講，二來就是，即使是人與人之間，顯示器還是會有色差存在的吧！

8. 動物溝通會卡到陰嗎？

有一些說法，說動物溝通就是通靈／通動物靈／跟所有靈溝通／卡到陰／做久會衰／動物靈纏身／全家塞滿動物靈／學動物溝通就是開天眼，什麼都會卡到。

以上這些就是我這些年來收集到的各種對動物溝通的想法。

誠如我在本書一開始提到的，阿甘說得好，你不能吃到一顆巧克力，就斷定整盒巧克力都是一樣的口味。動物溝通的闡述跟詮釋，在我看來就是一盒琳瑯滿目的巧克力，看起來差不多，但口味風格各有不同。

我覺得這個世界很大，動物溝通是一個新興的腦科學（姑且讓我這樣定義），本來就有各式各樣的人在探索，所以也會有各式各樣的經驗。

如果有人覺得，這就是卡到陰啊，就是動物靈啊，我沒有意見。因為這就是主觀體驗。

主觀體驗就是，我覺得這家餐廳好吃，你覺得這家餐廳難吃，一家餐廳的 Google 評價本來就可能會有五顆星跟一顆星同時存在，想吃的人自然會挑自己想相信的評價來看。我改變不了他覺得難吃到爆要給一顆星，他也改變不了我覺得無敵美味必須給五顆星。

怕不怕癢也是主觀體驗。有的人怕癢，有的人不怕，怕或不怕都是對的，都沒有錯，因為那就是主觀感受跟體驗。

我走在動物溝通的十年路上，一直感到很快樂、很滿足。唯一會讓我覺得不舒服的，都是和人互動的時候，例如挑釁的人、網路上攻擊的酸民、沒有好好對待毛小孩的家長、怪力亂神的不專業溝通師等等，溝通時遇到這些人總讓我感到特別困擾、特別低潮。至於卡到任何東西，或是運勢低落，我倒沒有特別感覺。

所以我也常常在課堂上跟學生講，如果你很擔心會卡到陰，或是真的卡到陰，那可能也不該問我，因為我不知道怎麼解決啊！這超出我的人生經驗範圍了，我是動物溝通師又不是法師。（笑）

信念建立一切。你的所觸所及所想，最後說到底，就是你所相信的。而我相信，你選擇相信的人事物最終會成為你的世界。

9. 我想當專業或斜槓動物溝通師，該怎麼做？

相信有些讀者買這本書，或者是來上課的同學，最終目標都是當個專業溝通師，幫助更多毛小孩跟家長。這邊我整理出一些建議，供大家參考。

・累積大量的溝通個案

如果要出道成為收費的動物溝通師，我認為要有大量且高頻率練習的經驗，對於動物溝通才算有較為全盤的認識，在「與家長溝通協調」方面累積些基礎功。大致經歷過動物溝通會出現的各種情況，才能練就出「處變不驚」的專業風範。在這個基礎上收費溝通，我覺得也是對雙方比較負責的做法。

如果你問我大量的定義，我會說三百個（算戶數不算毛小孩數量）。

・修習完整課程

當然，看書是一種自學的方式，但如果要成為正式收費的專業溝通師，我還是建議找一位已經在市場上授課多年、信譽與口碑良好的溝通師上課學習。一位真正專業的溝通師，能分享傳授的不只有動物溝通的執行，還包含他的專業技巧、knowhow、工作流程、待客心法、價值觀，以及顧客管理和品牌管理。

・透過具體的生活細節提高真實感

做動物溝通，家長最擔心的就是沒有真實感、信任度，所以在溝通前盡量和毛小孩培養自在聊天的氣氛，盡可能聊出可以和現實生活對照的具體細節。那些細節必定是只有他們才知道的，例如，我有時候會分享一些毛小孩與家長的動人時刻（特別的撫摸法或呼喚法），或是一些非常特別的生活細節，像是家裡有兩個冰箱、貓咪玩蟑螂只吃頭之類的。（天啊）唯有提出這些能與生活對照的具體細節，才能讓家長提升信任感與真實度。

・別貿然轉行

我在前面提到「小碎步拓展舒適圈」的概念，在發展斜槓事業的時候更該如此。在沒有充足準備下貿然轉行，如果收入未達到生活水平，容易產生現實緊迫感，這跟動物溝通時最要求的「平靜喜悅」大相逕庭。因此我還是建議，想以動物溝通為專業的人，最好利用斜槓的方式慢慢累積經驗和口碑，直到副業收入跟本業差不多，甚至超過的時候，再決定轉行。

・經營自媒體，觀察市場反應

我前面說了那麼多，但我覺得最該參考的意見，還是廣大市場的意見。動物溝通是否能建立口碑、定價能否被接受，相信經營久了，

市場會告訴你答案。你是一聊難求的溝通師，還是門可羅雀的溝通師？自媒體經營久了，答案就出來了。

在這個年代，任何斜槓都要經營自媒體，作為開拓客源、維持關係、營造形象的管道。你也可以多投資自己，上一些自媒體的經營課程，相信對斜槓事業會有很大幫助的。

·記得想跟毛小孩聊天的初衷

當你開始進行動物溝通後，肯定會有遇到挫折的時候。

不管那些挫折來自學習的辛苦，還是周遭親友因為不了解動物溝通的不友善對待，或是遇到並不是很溫暖的家長。

我都覺得，大家不妨在這種晦暗的時刻，問問自己，當初想學動物溝通的目的是什麼？

每個人的目的都不一樣，有些人是想更了解自己的寶貝，有些人是對動物溝通這項能力感到好奇，當然也有人是想成為職業溝通師。

不同的目的，就會有不同的側重點。我有遇過同學養了一隻很難搞的狗，他學溝通的最初目的，是想更了解狗狗的想法，讓彼此相處更順利。可是他的家人都不相信動物溝通，時常對他冷嘲熱諷，他很困擾，問我該怎麼辦，我的回答是：「你學動物溝通，是為了和

你的狗溝通，還是說服你的家人相信動物溝通的存在？」

旁人的想法和評價經常會對我們造成困擾，像上述那位同學，如果因為學會動物溝通，和家裡的狗寶貝相處得更快樂，擁有更高品質的生活，那他的目的就已經達到了。至於家人相不相信或者怎麼評論，都不是那麼重要了。

在動物溝通的路上，你肯定會遇到許多挑戰，有時來自他人的蓄意挑釁，有時來自不愛溝通或不擅溝通的動物。不過這就像主持人訪問來賓一樣，即使是拿過金鐘獎的主持人，也有他們覺得很難訪問的明星。遇到挫折時，保持信念很重要，如果感到迷惘，不妨回頭問問自己：「我為什麼想學動物溝通呢？」也許你就會發現，其實你快要或甚至已經達到原本的目的了，那些解決不了的困擾，頓時如浮雲般一點也不重要了。

我們都是動物溝通小天才

除了上述提問，你可能還有很多問題，例如：我的溝通內容會不會都是我自己想像、腦補出來的？我不確定我有沒有連上線？我的溝通內容很混亂，跟家長和毛小孩的生活都對應不上怎麼辦？毛小孩都不回答怎麼辦？和毛小孩有可能聊錯對象嗎？為什麼我溝通時都

沒有畫面？為什麼我的畫面都很模糊？為什麼畫面都是局部一點點？為什麼我都沒有體感？為什麼我都沒有言語？或是更進階的問題，例如：該怎麼畫居家格局？怎麼進行離世溝通？如何協尋走失動物？諸如此類。

這些較為困難的延伸問題，就容我留待教室的實體課程，與同學進行一對一的調整指導。

我喜歡跟同學一起進步的感覺，看他們從剛進教室的懵懂無知，到離開教室時完成許多個案，成就感滿滿，學成結訓，一個個意氣風發轉變為動物溝通小天才的樣子，每一位同學都讓我無比驕傲。

謝謝你看到這裡。今天起，你也是新的動物溝通小天才！我們都要對自己感到無比驕傲！棒棒！

謝謝善良美好的你一起來跟毛小孩聊天

我以前在職場的時候曾經很不開心，那時候的我沒有光芒，灰暗苦澀。

身邊的Q比是我那時候生活僅存依靠的一點光源，因為愛他、想了解他，我接觸動物溝通，踏上與毛小孩聊天的道路之後，我的人生才逐漸重新綻放光芒，而且發生了各式各樣如奇蹟般的美好體驗（經營粉專變成熱門粉專、出書、講座、podcast 主持、課程分享、認識超多可愛的毛小孩、與許多客人家長與學生成為好友）。

從沒想過，愛一隻狗可以產生這麼大的影響，可以改變我的人生，爆炸性地影響這麼多人與毛小孩、讓這麼多人接觸喜歡動物溝通，這是我親身見證過最大的魔法奇蹟，一切的一切，只是因為，我愛一隻狗，他叫做Q比。

而這份愛擴散到現在看書的每一個你。

相信你心中也有那樣一位心愛的毛小孩，那位你為了他做出許多改變、學習許多新事物，也逐漸改變你的生活，讓你每天笑笑鬧鬧充滿溫暖療癒的他。

那個提到就會心中滿是柔軟，恨不得把全世界的愛都給他的他。

我踏入動物溝通世界的這十年來，時常很感謝當年的我決定接觸並開始
學習動物溝通，開拓了我人生多采多姿的視野，也讓我一路上認識了很
多有趣精彩的人事物與毛小孩。

現在，你也可以謝謝你自己，謝謝你自己決定走進動物溝通的世界，因
為你多采多姿的視野版圖才正要展開。

換你用對一個毛小孩的愛，給這世界激起無限大的漣漪。

愛是宇宙最強的能量，能帶你走到最想去的地方。

如果你看完這本書，很喜歡我，想了解我更多，或是了解更多跟動物溝
通有關的知識分享和課程，歡迎來找我玩～

個人網站　　　　　　IG　　　　　　FB

我的推薦書單

在了解動物溝通的路上，我收集閱讀了大量資訊，從各種書籍找尋有用的亮點知識，拼湊我對動物溝通世界的認知。

我推薦的這些書，老實說有些我可能只認同一部分，或是覺得很有趣，獲知了一兩個嶄新論點，拓展了大腦邊界。然而在這個手搖飲都要近百元起跳的年代，我覺得花幾百元買一本書，能夠獲得幾個充實大腦的實用觀點，已經太划算太值得了！

希望你也能用這種輕巧的角度，來看待以下我推薦的書：

Leslie 的書

我的前兩本書不僅收錄了許多聊天故事，也可以讓你更了解動物溝通師的工作，了解如何協助家長與毛小孩對話。

- 《來～跟毛小孩聊天：透過溝通，我們都被療癒了！》
- 《來～跟毛小孩聊天 2：最溫暖的情感在日常》

關於直覺的書

動物溝通的呈現方式跟直覺極為相似，所以我認為多了解直覺的原理跟呈現方式，也是了解動物溝通的其中一個面相。

- 《那些動物告訴我的事：用科學角度透視動物的思想世界》，Thomas 著

- 《第七感：啟動認知自我與感知他人的幸福連結》，丹尼爾·席格（Daniel J. Siegel）著

- 《直覺力：連接最高智慧與能量的內在藍牙，從小事到大事，給你最真實的指引》，艾瑪·露希·諾斯（Emma Lucy Knowles）著

- 《三大超能力：冥想力、想像力與直覺力》，桑妮雅·喬凱特（Sonia Choquette）著

- 《不思考就得到答案：察覺聲音、意象、律動的練習，讓你的直覺變精準》，潘妮·皮爾斯（Penney Peirce）著

- 《能量七密碼：療癒身心靈，喚醒你本有的創造力、直覺和內在力量》，蘇·莫特（Sue Morter）著

關於腦科學的書

動物溝通說穿了就是在大腦裡意識交換，這也是一個很新的大腦使用方式，說是「潛能開發」一點也不為過，多了解大腦的腦科學也是必要的。

- 《松果體的奇蹟：覺醒內在潛能，改寫人生與身體的劇本》，松久正著

- 《大腦就是你的超能力：輕鬆理解大腦真相、讓大腦脫胎換骨的十四堂課，意志力＋思考力＋記憶力全面提升！》，克莉思汀安娜·史妲格（Christiane Stenger）著

- 《打破大腦偽科學：右腦不會比左腦更有創意，男生的方向感也不會比女生好》（二版），漢寧・貝克（Hennig Beck）著

- 《操控潛意識，訓練更強大的自己！：助你心想事成的 8 堂潛能課》，哈利・卡本特（Harry W.Carpenter）著

- 《開啟你的驚人天賦：科學證實你能活出極致美好的人生狀態》，喬・迪斯本札（Joe Dispenza）著

關於吸引力法則的書

大腦、能量、意識、物質成為實相，越鑽研這些資訊，越發現科學的盡頭是玄學。以下幾本也是我很喜歡的吸引力相關的書。

- 《Headspace 冥想正念手冊》，安迪・帕帝康（Andy Puddicombe）著 (這本書的同名影集《冥想正念指南》也可以在 Netflix 上收看喔)

- 《想有錢就有錢》（二版），約瑟夫・摩菲（Joseph Murphy）著

- 《從負債兩千萬到心想事成每一天：8 個吸引好運、財富和人緣的超狂變身機制，順應宇宙法則，更快心想事成！》，小池浩著

- 《真人實證！我靠吸引力法則賺到三千萬》，E・K・尚多（E. K. Santo）著

Leslie& 維尼的《好窩寵物溝通》podcast 推薦集數

我與好朋友資深溝通師維尼，經營這個專門聊寵物溝通大小事的 podcast
多年，推薦以下幾集菜雞們必聽，內容囊括各式各樣的話題，一定可以
對你有幫助。

EP08 ｜ J 個溝通師不準啦！？其實毛小孩也有你不知道的小秘密

EP10 ｜寵物溝通停看聽，這些狀況愛注意喔～

EP18 ｜我真的學得會寵物溝通嗎？上課前的各種疑難雜症！

EP22 ｜可以叫我的寵物乖乖聽話嗎～聊聊寵物溝通的能與不能

EP36 ｜卡卡的咚滋咚滋～各種會不會卡到陰特輯來啦～

EP49 ｜本集含金量爆表！傳授斜槓動物溝通的就業指南～

EP52 ｜回首菜逼八的歲月～那些年我們的菜雞日記～

EP60 ｜親友不認同寵物溝通怎麼辦？傳授過來人的錦囊妙計！

EP71 ｜什麼都聽過什麼都不奇怪～動物溝通鄉野奇談～

你也一樣棒棒！同學們的課堂練習分享

這個單元可以看作是課堂上的溝通練習成果展，上課前同學們全然懵懂無知，但經過適當的引導跟勇敢練習，即使在課堂上只是第一次、第二次練習，都能表現得很精彩！只要勤加練習，勇敢嘗試，擁抱直覺，你也可以和學長姊一樣，跟毛小孩天南地北聊起來！

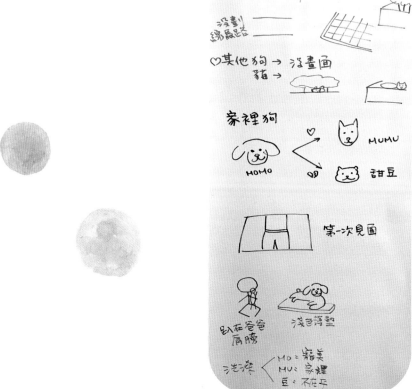

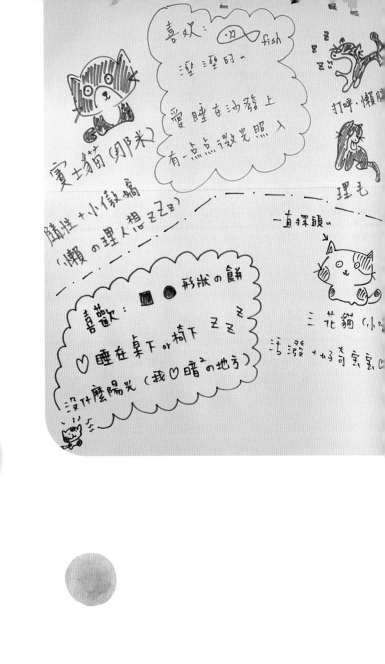

喜欢： fish

溼溼的~

愛睡在沙發上
有一点点微光照入

打呼·懶腰

賓士貓 (那米)

雌性 + 小傲嬌
(懶 の 理人還 ZZZ)

理毛

一直探頭~

喜歡： 形狀の餅

♡ 睡在桌下 or 椅下 ZZ

沒什麼陽光 (我♡暗の地方)

三花貓 (小咪?)

活潑 + 好奇寶寶

喘...

淺灘 喜欢水!!♡
踏水!!

公園↓

男子黑狗
only聞

花椒?　不理你立場堅定
穩重,不堆其擾?
山,拿玩具督花→很順

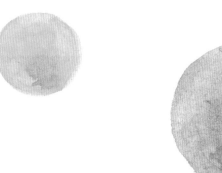

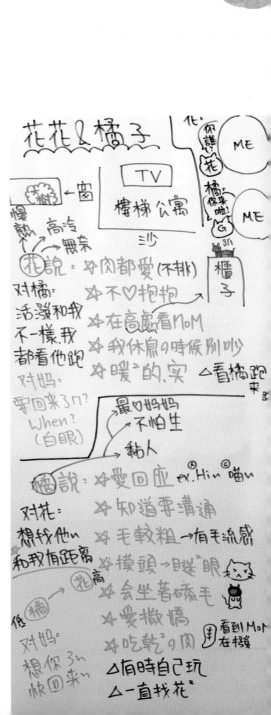

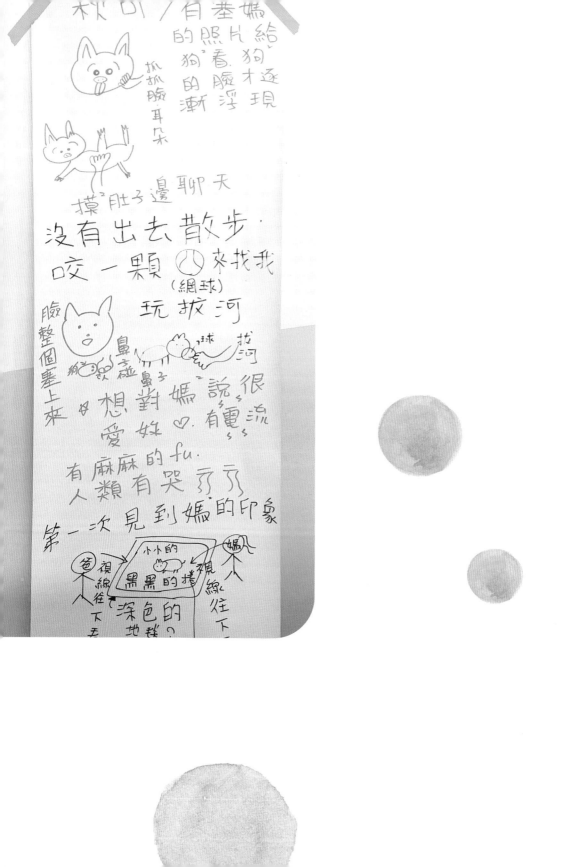

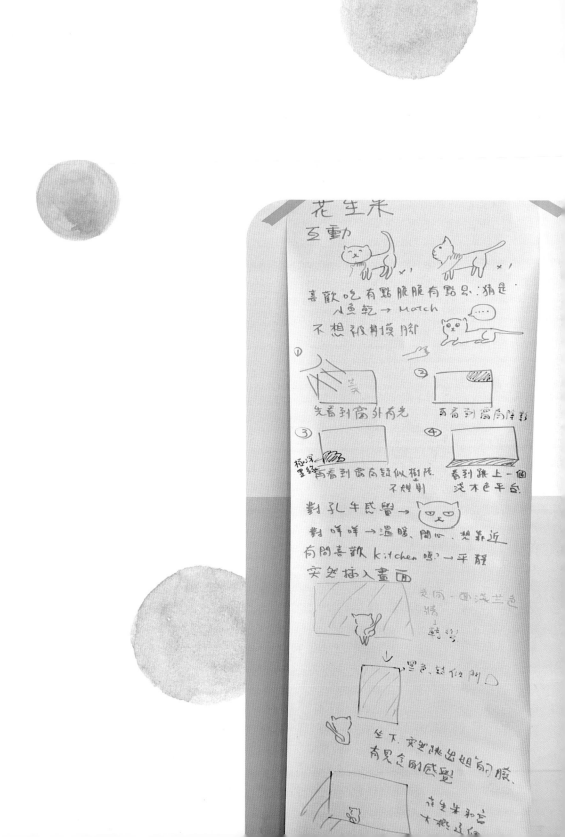

乾乾混一些東西 燙過的

喜歡在沙發上跟媽²看電視

貓會窩在蔡弟的肚子

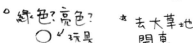

綠色? 亮色? ○✓ 玩具   擋著~

去大草地 開車

 毯子?

不太喜歡洗澡
但大家都說我很棒
有白色的大毛巾
洗完澡會鑽進去

 白色的狗!

練習毛孩:
Hami
摸   頂

感覺有臭臭 (想睡)
平常吃的深
軟糊²的東西
許願²: 不要剪指甲 ~
(腳)
²想吃淺色、泥狀
滑²水²的東西

大戶 window
喜歡在這看外面
曬太陽

覺得是小朋友、
一種覺得他沒辦法的感覺
有臭冷 (傲嬌)

達米 達達

會和Hami撒嬌、活潑
(但又對人傲嬌)
比較常吃乾²? (脆)
對罐(肉)沒有什麼特別

許願: 1. 和Hami在一起的時候,
不要打擾我們!! →不要分開
2. 想吃脆²的.cookie 咔嘰
咔嘰

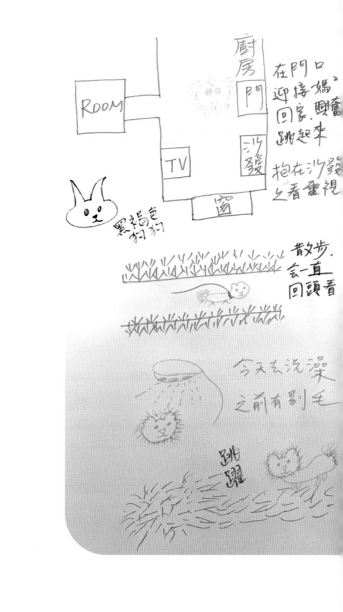

廚房
門
ROOM
TV
沙發
窗

在門口迎接回家. 媽瞳興奮跳起來

抱在沙發之看電視

黑褐色狗狗

散步.
会一直
回頭看

今天去洗澡
之前有剔毛

跳躍

- 很有自信. 覺得自己很好.
  對人有堅定的愛.

+ ← 蹭

- 會蹭著走路
  + 的人一起走

- 可摸頭 / 硬
  (不軟)

不舒服 ↓

- 溼溼. 會苦.
  不喜歡.
  勉強接受

Jiro

會打另一隻
的頭
(不互咬)

給鋼琴的
畫面. 舒服的.
是音樂嗎?

微微

出現爸爸的畫面.
臉長. 瘦. 不胖.
戴眼鏡.
有一點小肚子.
♡ 7分. 喜歡和
家人一起 ~

很愛媽媽 ♡
是深深 ~
  深深 那種 ~

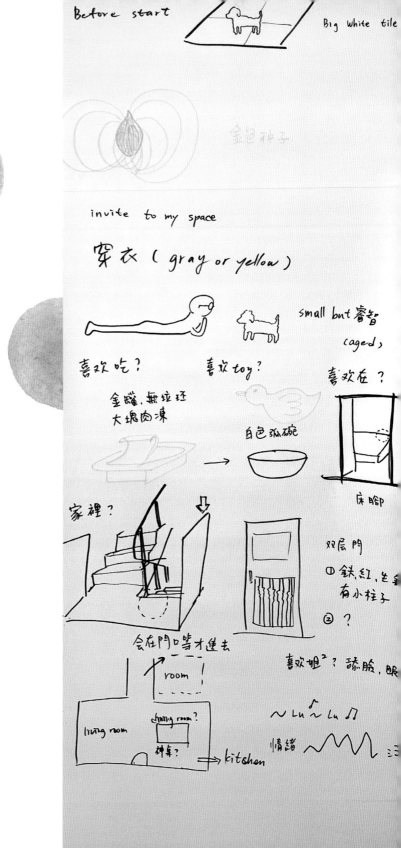

Before start

Big white tile

金色种子

invite to my space

穿衣 (gray or yellow)

small but 睿智
(caged)

喜欢吃?

喜欢 toy?

喜欢在?

金罐, 無垃圾
大块肉凍

白色孤碗

床脚

家裡?

双层門
① 铁,红,走金
有小柱子
② ?

会在門口等才進去

喜欢姐²? 舔脸, 眼

room

living room

chatting room?

神桌?

→ kitshen

∿Lu ∩Lu ♫

情緒 ∿∧∧∧∧

Lohas 005

來 一起跟毛小孩聊天

作　　　者	Leslie
繪　　　者	湯舒皮 Soupy Tang
裝幀設計	犬良品牌設計
執行編輯	吳愉萱、賀郁文
編輯協力	楊逸芳
校　　　對	李映青
行銷企劃	黃禹舜、呂嘉羽

| 發 行 人 | 賀郁文 |

出版發行	重版文化整合事業股份有限公司
臉書專頁	www.facebook.com/readdpublishing
連絡信箱	service@readdpublishing.com

總 經 銷	聯合發行股份有限公司
地　　　址	新北市新店區寶橋路 235 巷 6 弄 6 號 2 樓
電　　　話	(02)2917-8022
傳　　　真	(02)2915-6275

| 法律顧問 | 李柏洋 |
| 印　　　製 | 沐春行銷創意有限公司 |

| 一版二刷 | 2023 年 11 月 |
| 定　　　價 | 新台幣 888 元 |

國家圖書館出版品預行編目 (CIP) 資料

來～一起跟毛小孩聊天 / Leslie 作 . -- 一版 . -- 臺
北市：重版文化整合事業股份有限公司 , 2023.11
面；　公分 . -- (Lohas ; 5)
ISBN 978-626-97865-0-3(平裝)

1.CST: 動物心理學 2.CST: 動物行為

383.7　　　　　　　　　　　　112016787